受賞

ホワイト企業大賞
特別賞「人間力経営賞」受賞!

人間力経営
アップライジングの軌跡

アップライジング代表取締役社長
齋藤 幸一 著

プロローグ

自業自得な人生

原因と結果の法則のことを「自業自得」と言います。起きる結果には全てに原因があり、それが縁により、結果が生まれる。「因縁果の法則」とも言いますね。

テスト勉強をしないでテストを受ければ悪い結果になるのは当たり前ですし、一生懸命やればやっただけの結果がでる。善きことを思い、善きことをすれば善い結果が生まれ、悪いことを思い、悪いことをすれば、悪い結果が生まれる。それは自分の行いですので、必ず自分に返ってくる。それが「自業自得」です。

「自業自得」が当たり前だと思えば全てを自己責任にできますし、他人のせいにしなくなります。人も羨む華々しい生活を送る人を見ても「自業自得」だと思えば、今の自分に諦めがつきます。

自分は自分。全ては自分が行った結果がでているだけなのです。

でも、こんなこともありますよね？

「なんであんなに親切で、誰に対しても良いことばっかりやっていて、本当に悪いことをしないあの人が、何であんなにひどい目に合わなければならないんだ！」と言うこと。テレビのニュースでもそんなことが話題になったりします。身近な人、その人をよく知っている人ほど納得がいかないことです。

私自身も「何でこんなに俺ばかり酷い目に合わなければならないんだ！」と苦しくなることもあります。普通に自動車も安全運転しているのに後ろから追突されたり、この人は大丈夫だろうと思っている人に騙されたり…。

でも、それも何か原因があるようです。

「今生きている時代ではなく、前世で何かやっていたからじゃないの？」と思えば納得がいきますし、全てを受け入れられます。

全ては「自業自得」。これに気づくのに40年もかかりました。そんな自業自得な私の人生と、今経営しているアップライジングという会社のことを、この本では書いていきたいと思います。この本を手に取って読んでくれている方と私は、何がしかの縁。尊い御縁で繋がっているように思います。そして、この本を読み終わった時に、何かを始めたり、誰かに感謝したり、誰かに謝罪したりしていただけたら私自身も「書いて良かった！」と思えます。

アップライジング代表取締役社長
齋藤　幸一

Part Ⅰ

キックボクシング東洋ウェルター級チャンピオン

齋藤元助のDNA

Part Ⅱ

作新学院高校ボクシング部・法政大学ボクシング部
オリンピック候補選手

ボクシング漬けの日々

PartⅢ

借金まみれのどん底の日々

報われない健康食品販売の仕事・父の先物取引の失敗

Part Ⅳ

再起への道のり

廃品回収業「くずやの斉藤」を開業・アルミホイールの回収と販売

Part Ⅴ

アップライジング誕生

父と弟との確執・学びを繰り返して成長

PartⅥ 事業の拡大 父と弟との和解

新規事業の展開・プロスポーツのスポンサーとなる

Part Ⅶ

社会支援活動へのチャレンジ

東日本大震災ボランティア・他人の喜びが我が喜び

Part Ⅷ

次々と実現する新規事業と社会支援

宇都宮店の再移転・日本初のタイヤ買取りドライブスルー
NPO法人リスマイリーの立上げ

Part IX

人間力経営で未来を拓く

ホワイト企業大賞・特別賞「人間力経営賞」を受賞！
運気アップ餃子の販売・世界リサイクルタイヤ研究同志の会の設立

Part I

キックボクシング
東洋ウェルター級チャンピオン

齋藤元助のDNA

人と人の出会いは奇跡的な確率の上にあるのです

著名な哲学者であり教育者でもあった森信三さんの言葉で「人間は一生のうちに会うべき人には必ず会える。しかも一瞬早すぎず、一瞬遅すぎない時に」という名言があります。

地球上の生物はどのくらいいるのでしょうか？　人間だけでも70億人以上と言われています。地球上の70億分の1の父と、70億分の1の母が出会い、私が生まれました。父と母にも両親がいて、その両親にも両親がいる。

そして、それぞれの時代に、御先祖様同士の出会いがなければ私は生まれていないわけです。33代さかのぼって御先祖様の人数を計算すると、なんと85億8993万4592人になります。この中の御先祖様の誰か一人でもいなかったら、今の私はいないんです。この奇跡的な確率を考えると御先祖様に感謝をすることは非常に重要だと思います。

そして、人間として生まれて来たならば、どうあがいたとしても一人では生きて行くことができません。生まれたての赤ちゃん一人で水道まで歩いて行って、水を飲むなんてことは聞いたことがありません。

もし、万が一そんなスーパー赤ちゃんがいたとしても、森羅万象あらゆる物と付き合っていかなければなりません。太陽の熱や光がなければ地球上の生物は生きて行くことができませんし、月の引力がなかったら海の水は満ち潮や引き潮がなくなり腐ってしまいます。親に祖先に感謝、太陽に月に感謝、地球に感謝、大宇宙に感謝ですね。

貧しい環境のなか父には家族を守るために「腕力」が必要でした

そんなわけで私にも人生で初めての出会いがありました。それが私の父親と母親です。父親は5歳の時に、軍人だった父（私の祖父）を馬車に引かれて亡くしました。旦那さんを亡くした父親の母（私の祖母）のヤスは、私の父を含め三人の子供を女で一つで育てることになりました。

昭和20年代に「女手一つで子供3人を育てる」、その決断をする祖母のヤスはすごいな～と思います。第二次世界大戦中は船に乗って軍隊と同行する従軍看護婦であった祖母は、その経験を生かして、嫁いだ齋藤家や実家を頼ることなく、栃木県警の看護婦として警察の寮に入って働くことを選びました。

私の父は県警の寮で家族四人で暮らすことになりました。父親のいない家庭で、食べるのがやっとの生活…、当時でも、そのような環境に対してのイジメがありました。

そんなイジメられる環境を何とかしたい、人に馬鹿にされないようにするために手っ取り早いのは「腕力」でした。「腕力」があればなんとかなると考えた父は、警察の寮に住んでいるという利点を活かして県警の道場に通い、柔道を学ぶようになりました。

そして、県警の道場で柔道に磨きをかけ腕力がどんどん強くなっていきます。とは言え、自分から誰かに喧嘩を売りに行ったりするのではなく、売られた喧嘩は買うスタイルだったそうです。それでも小学校時代から、同学年や先輩からも一目おかれるような存在になっていきます。良いか悪いかは分かりませんが、その当時は自分や兄弟を守るためには、そういう方法が多かったみたいですね。

父が腕力をつけたことで、父の姉も弟もイジメられることがなくなりました。しかし、買った喧嘩も喧嘩は喧嘩。その腕力のお蔭で祖母は何度も小学校や警察署に呼び出されるようになります。「ヤスさん！　何であなたの息子は問題ばかり起こしているんだ！　警察の関係者なのだから、ちゃんと息子も教育してくれよ！」と怒鳴られたそうです。何度言っても聞かない息子と母との関係、いつの時代も一緒ですね。

県庁近くに街頭テレビがありプロレスを見に行くのが、その当時の父の楽しみだったそうです。空手チョップで有名な力道山。本当に日本の未来のために、多くの子供たちに希望を与えたことでしょう。力道山の誕生日が11月14日。後に誕生する私は力道山と同じ誕生日です。365分の1の確率ですが何か意味があるのかな？と思っています。

父はキックボクシングで東洋ウェルター級チャンピオンとなった

父はその後、Y中学校に進学し、サッカーを始めます。サッカーをやる傍らで県警の道場で柔道もやり、更に腕力に磨きをかけていきます。そして、中学校一年生ながらも三年生と喧嘩しても勝つようになり、その噂は広がっていきます。不良ではありませんが、昔で言う番長的な存在でした。昔の番長は弱い者いじめはしません。強いものとしか戦いません。喧嘩や戦いが良い悪いではなく、弱いものばかりを皆でイジメる今の時代よりも、その時代の日本の方が「日本人らしい」と思う方は多いのではないでしょうか。

月光仮面ではないですが、「弱きを助け強きを挫く」と言う言葉。強い人＝悪い人ではないですが、悪い人は弱いのに強がったりしますね。

父は喧嘩も強いですがサッカーでも結果を出していきます。そして、U学園にスポーツ推薦として入学することになります。祖母も父も、学力で高校に行くことはできないと思っていたそうなので、このスポーツ推薦での入学をとても喜んでいたそうです。

そしてサッカー部でも期待の星でした。そんな中、全学年の全員で行う柔道大会があったそうです。父は、その柔道大会で三年生の柔道部のキャプテンを破って、なんと優勝してしまうのです。

サッカー部の一年生が柔道部のキャプテンに柔道で勝つなんて、ちょっと信じられませんよね。そうなったらどうなるか？　当然、柔道部にスカウトされます。父はサッカー部のスポーツ推薦でU学園に入ったのに柔道部も掛け持ちします。

そんな噂は栃木県内だけでなく全国に広がっていきます。父に喧嘩を挑んでくる相手がどんどん出てきました。東京からやってきた猛者もいたそうです。喧嘩ですからパンチもあります。父はパンチを研究するために近くのボクシングジムに通い始めます。そして、パンチも覚えてドンドン喧嘩が強くなっていきます。

そんな時、Y中学校時代の同級生のKさんから
「もっちゃん！　インターハイ出てみないか？　作新学院で練習しながらインターハイ優勝を目指そうよ！」と言われたのです。

父も親友と言ってもよいKさんからの誘いだったので、やってみようと思ったのでしょう。作新学院ボクシング部でKさんと一緒に練習しながらインターハイ優勝を狙います。

その時にいたボクシング部のコーチが、私が作新学院でボクシングを始めた時の監督、川島八郎さんだったのです。

父はインターハイでベスト8にまで進出しました。ボクシング部のないU学園でのインターハイベスト8です。その当時は、かなりのインパクトがあったことでしょう。そして、当時、日本国内で流行っていたキックボクシングの世界に入っていきます。

所属はキックの鬼、真空飛び膝蹴りで有名な沢村忠さんのいる目黒ジム。父の名は齋藤元助と言います。本名は「もとすけ」です。しかし、本名でデビューしたのですが、キックボクシングのデビュー戦で「さいとうげんすけ」と紹介

▲キックボクシング東洋ウエルター級チャンピオンとして活躍した父・齋藤元助

されたのをきっかけに、リングネームを「さいとうげんすけ」で通しました。

父はプロになってからは、日本人に負けたことはなかったそうです。最高成績は東洋ウェルター級チャンピオン。その当時はアメリカやヨーロッパにはキックボクシングはありませんでしたので、父は事実上の世界チャンピオンでした。

父はキックボクシングの傍らに、中野のとんかつ屋でアルバイトをしていました。そこで出会ったのが新潟県加茂市生まれの阿部ヒロ子、私の母でした。

「とんかつ元助」の開業
忙しい両親、祖母に育てられました

私の母は新潟県加茂市で生まれ育ちます。隣の三条市には馬場正平こと、ジャイアント馬場がいて小さい頃から有名だったと聞いています。

母は2人の姉と2人の弟の5人兄弟の3女として育ちます。そして、加茂高校を卒業し地元の第四銀行へ入社予定に。しかし、最後に当時の金融機関にあった家柄調査で引っ掛かり就職できず上京。東京のヒサモト洋菓子店というところに入社します。

お盆と正月に里帰りしてくる時には、そのお店のクッキーやケーキを持って帰ったそう

▼父（元助）はキックボクシング引退後に結婚。夫婦で「とんかつ元助」を開業

です。もし、第四銀行に入社していたら、父とも出会っていないので私は生まれていません。これも運命なのでしょう。母のことをもっと知りたいと戸籍謄本などを取り寄せました。母の御先祖様の名前を知れて嬉しい気分になりました。

父はキックボクシング引退後に、結婚した母と共に栃木県に戻ります。中野のとんかつ屋でのアルバイト経験を活かして、宇都宮市泉町で「とんかつ元助」を開業します。

開業してすぐの昭和50年11月14日に私は誕生します。母は、私を出産する数日前まで仕事をしていたと言っていました。生まれた所は母親の実家近くの加茂病院でした。

「とんかつ元助」が開業した泉町と言う場所は、女性がつく飲み屋さんの多い飲み屋街です。なので、「とんかつ元助」も深夜まで営業する形態をとっていました。父の知名度もあり浮き沈みはあるものの、何とか経営ができました。

両親とも毎日、午後6時頃には出勤、深夜まで仕事をして高根沢町宝積寺の自宅に帰ってくるのは朝方でした。私が3歳になるまで、そのような生活だったそうです。

そんな事情もあり、私は父の母である祖母に育てられます。幼い頃の私は、泣く日もあれば、笑顔で両親を送り出す時もあったそうです。大体は次の日の朝まで寝たら起きないのですが、時折、寝つけない時もあり、祖母に「ママに会いたい、ママに会いたい！」と、ずっと泣き続けていたそうです。そんな時、祖母とバスに乗り、お店まで行ったことが幼い頃の記憶として残っています。

▼幼い頃の著者と弟（信行）と父（元助）

私が3歳の時に弟の信行が生まれます。弟との出会いも私の人生に大きな影響を与えていきます。弟が生まれると同時に高根沢町から宇都宮市東今泉に引っ越します。お店も泉町から移転し名前も「とんかつ元助」から、「お食事処元助」に改名して、とんかつ以外の食事も提供していくようになります。この場所でも、その後、いろいろなことが起こります。

私は自宅の近所の保育園に通いました。保育園への送り迎えは、ほとんどが祖母でした。保育園の帰りに近くの薬局に行って、お菓子を買ってもらえることがとても幸せだったことを覚えています。

夜も遅くまで働く両親だったため、毎日の食事も祖母と弟との3人でした。週に一度、日曜日の夜だけは祖母、両親、私と弟の5人での食事でした。幼い私は、他の人たちもみんな同じような生活をしているものだとずっと思って育ちました。

学童野球の厳しい練習が自分を変えてくれた

そして、M小学校に通い始めます。三年生くらいまで、ぽっちゃり型の体型でしたが三年生後半に学童野球部に入り少し痩せてきました。

その頃、学童野球から帰って来ると弟と一緒に両親の経営する店の手伝いを始めました。企業の夜食として弁当を配達する手伝いでした。昭和50年代半ばから後半、バブル期を迎えつつあった日本では、どの会社も本当に夜遅くまで仕事をしていたように思います。

弁当配達用の軽自動車は後部座席がなく、平らな広いスペースがあり、僕と弟はそこで弁当と一緒に乗っていました。私と弟は母と一緒にエレベーターのない会社の4階や5階までお弁当を持って階段を上がり、帰りには空になった弁当箱を持って階段を下りるのです。知らず知らずのうちに、学童野球の良いトレーニングになっていたのかもしれません。

そして、配達が終わり、国道4号線を走りながら店に向かっている時に事件が起こりました。軽自動車の一番後ろのドアに弟が寄りかかった時に、ドアと共に弟が四号線に落ちたのです。私はびっくりして「ママ！ 信行が落ちた！」と伝えます。母は慌てて急ブレーキを踏み、弟を助けに飛び出しました。

弟の信行は幸運の持ち主です。地面に落ちる時に一回転して背中から落ちていたのです。そして不思議なことに、いつもは物すごい量の車が走っている国道4号線なのに、その時だけ後続車両が全くいなかったのです。母親は、弟を抱きしめながら涙を流して泣いていました。今思えば死んでいてもおかしくありません。

そんな事件もありながらも、私は学童野球に一生懸命取り組んでいました。6年生の時にはピッチャーとキャッチャーをやりながら4番バッターでした。私たちのチームは、過去のどの先輩チームも成し遂げることができなかった「県大会出場」を目標に辛い練習に励んでいきました。

社会起業家論で著名な田坂広志さんの言葉で「人生において成功は約束されていない。しかし、成長は約束されている」と言う言葉があります。

今、世の中に溢れる「成功願望」。誰もがその人生において競争での「勝者」となり、目標を「達成」し、人生で「成功」することを願っています。しかし、静かに人生の真実を見つめるならば、「勝者」の陰に必ず「敗者」があり、「達成」の陰に必ず「挫折」があり、「成功」の陰に必ず「失敗」があります。けれども、人生において、誰もが必ず手にすることができるものがある。それが「成長」です。

と、田坂さんは言っています。

私たちのチームはたくさんの時間を費やし、本当に一生懸命頑張ってきました。しかし、県大会に出場することはできず、目標を達成することができませんでした。田坂さんの言葉で言えば、「成功」はできなかったことになります。しかし、一人一人、間違いなく「成長」していたのです。

私も野球を始めた三年生の頃は、ぽっちゃり体型で50m走もクラスの中で後ろの方だったのに、6年生の時には小学校の中でトップクラスになっていました。自分でもこんなに走るのが早くなるなんて思いもしませんでした。違う景色が見えたように思いました。

そして、学童野球を引退後に陸上競技に誘われます。小学校の後半は陸上競技部のメンバーたちと一緒に過ごすことが多くなりました。

中学の陸上部で学んだ「今一心」の精神 努力すれば人は必ず成長できる

Y中学校に入ります。近隣の多くの小学校から生徒が集まる、すごく大きなマンモス中学校でした。北関東で一番大きい時もありました。1学年で12クラスありました。正確に言うと11クラス＋特殊学級です。

特殊学級の生徒たちとも休み時間や昼休みに話すことができました。今で言う「発達障害」を持った生徒のクラスだったように思います。その頃は、そういう人たちが今の当社（アップライジング）の大切な戦力になってくれるなんて全く想像もしていませんでした。

私は野球部に入部します。Y中学校の野球部は昔からすごく強くてハードワーキングでした。同級生には現在、有名大学の野球部で監督を務めるT君もいました。体育会野球部ですから昔ながらの「先輩後輩」もありました。私は、ちょっとだけ目立っていたのかもしれません。そうすると先輩から昔ながらの指導がきます。体育会系あるあるです。野球部の監督は有名な監督で、こちらもハードな指導者でした。一日何時間も練習をしていました。そして、正直、野球がつまらなくなってきていました。

そんな時に、同じグランド内でサッカー部、弓道部、テニス部、陸上部が一緒に練習していています。特に、陸上部に関しては小学校の時に仲の良かったメンバーや、小学校時代に一緒に学童野球をやっていてたY君もいました。練習を見ているとハードなのだけど、時に笑顔を見せながら楽しそうにしていました。また、野球部の練習が「これからが本番」という時には、陸上部はみんな帰って誰もいないのです。私の心は、どんどん陸上部に移り、一年生の夏休み前に野球部を辞め陸上部に入ることになります。

陸上部に入り自分に合う種目は何なのかな？　と考えてみました。「短距離」―1学期に野球ばかりやっていたので同学年では私より速い人が多くなっていました。「投げる系」―野球をやっていたので肩は強い方だけどちょっと違うかな？「中長距離」―これだ！と思いました。

私は800m・1500m・3000mで頑張っていこうと思いました。夏休み前に三年生は受験に備えて引退するため、私が入った時の最上級生は二年生でした。この二年生たちがすごかった。全日本中学校陸上競技選手権大会200mで優勝したA先輩を始め、

▼「今一心」をテーマに陸上競技に熱中した中学生時代

走り幅跳びで3位のO先輩、6位のH先輩、女子で走高跳び3位のB先輩と全国で入賞する先輩方がたくさんいました。そして、私も「全国大会に出たい！」と思いました。

陸上部担当の条川伯先生は、中学校の先生に就任して数年しか経っていない、すごく若い先生でした。練習メニューを作るプロフェッショナルであり、選手のモチベーションをあげるのも得意でした。きつい練習でもモチベーションが維持できれば続けられます。条川先生は生徒と良好な関係を築くのが得意で、そのための努力をしていたのだろうと今は思います。そんな条川先生の掲げるチームのテーマが「今一心」でした。

今、一つのことに集中しょう。

今、みんなで一つになろうと言う意味です。

一番重要なことですよね。心ここにあらずの人は、何をやっても上手くいきませんよね。中学生の頃は、「今一心」の意味を深く理解できず「かっこいい言葉だな」程度に思っていました。今では、「今一心」の粂川魂をしっかりと受け継いでいます。

陸上競技は競争相手はいるものの、自分との戦いがほとんどです。勝つも負けるも、相手というよりは自分次第。自分次第なのだけど相手もいる。それが陸上にハマる人たちの考え方です。私は陸上にドハマりしました。

しかし、「全国大会に出たい！」という目標は達成できませんでした。最高成績は地区大会800mで3位、1500m3位、3000mで2位、宇都宮市民マラソン4位というものでした。

私は中学時代も「全国大会出場」という目標達成での「成功」はできませんでしたが「成長」はできました。そして、小学校時代にはできなかった「県大会出場」は果たすことができたのです。予選敗退でしたが「一生懸命努力すれば人は必ず成長できる」と言う手ごたえを掴みました。そこから一生懸命努力することがすごく楽しくなったのです。

中学三年生になると受験が待っていました。私はA先輩やO先輩のいる宇都宮H高校で、また一緒に陸上がやりたいと思い受験しましたが不合格となります。しかし、作新学院にはY中学校からの推薦で合格することができました。

当時、私は生徒会長もやっていました。通常、生徒会長は頭が良い人とか能力が高い人が選ばれるのですが、実はそうでもありません。最終的にはファン投票なので面白いことを言えばなれるのです。私は会長選挙の公約で「先生にお願いして給食の量をもっと増やす」と宣言しました。当選後、実際に校長先生にお願いしましたが「それは無理」と却下されました。そんなアホ丸出しの生徒会長でした。そんな私でも作新学院に推薦してくれたY中学校の皆様に感謝です。

Part Ⅱ

作新学院高校ボクシング部
法政大学ボクシング部
オリンピック候補選手

ボクシング漬けの日々

作新学院高校ボクシング部
「日本で一番練習しよう！」と練習漬けの日々

作新学院英進部進学課に通いだします。その頃の作新学院英進部は、栃木県内のトップクラスの頭脳の持ち主ばかり。大学受験に向けて勉強に専念するために部活動をやる人は僅かでした。

私は宇都宮H高校に入って陸上をやろうと思っていたので、落ちたら陸上は辞めようと考えていました。そして、その頃、少年マガジンでボクシング漫画「はじめの一歩」が連載されていたこと、WOWOWエキサイトマッチでマイクタイソンの試合を見たことがキッカケで、作新学院に入ったらボクシング部に入ろうと決めていました。キックボクサーであった父からボクシングを勧められたこともなく、ボクシングをやりたいと父に伝えたこともありませんでした。

担任の先生に「ボクシング部に入ります」と伝えると、「なんて馬鹿なこと言っているのですか？ 英進部で部活動やる人なんかほとんどいない。ましてやボクシング部だなんて！ うちのボクシング部は全国レベルですよ！ 絶対にやめなさい！」と呆れた顔で反対です。でも、その反対を押切って私は入部しました。

それから20年後、私がY中学校のPTA会長をやっている時に、その先生は職員としてY中学校に勤務されていました。そして「あの時、私の意見で齋藤君がボクシングをやらなかったら齋藤君の人生を台無しにしていたと、齋藤君の話題がでるたびに後悔していたのです。ごめんなさい」と言われました。

20年ぶりの再会で、まさかそんなことを言われるとは思っていませんでした。私は「まじっすか！　まったく気にしていませんでした！」と伝えると、長年喉につかえていた物が取れたように先生の顔が柔らかくなりました。「これも縁だな」とつくづく思いました。

作新学院ボクシング部は完璧に昔ながらの体育会系でした。チャンピオンの輩出数も全国トップレベル、団体優勝の回数は当時で過去最高でした。川島八郎監督、沼尾コーチ、手塚コーチ、この3人の先生が全員とても怖い。先輩もすごく怖い。中学時代の陸上部時代の雰囲気とは全く違いました。「俺らは全国獲るためにやってんだからチャラチャラしている奴らは出ていけ！」的な雰囲気が満載です。私たちが入部した時には一年生の部員が120人いました。そもそも作新学院はマンモス校です。1学年3500人、3学年の合計で1万500人ですから一つの街ですよね（笑）。

ボクシング部は入部から夏休み前までは一切スパーリングはなく、縄跳び、シャドーボクシング、ミット打ち、ランニングでした。基本中の基本しかやりません。単純すぎてつまらなく思ったのか夏休み前に半分の人が辞めました。

そして、夏合宿、この頃からボクシングを教えてもらえるようになります。マスボクシング（相手にパンチを当てないスパーリング）でパンチを当てる感覚や避ける感覚を覚えます。相手に当ててはいけないルールなのに当たってしまったり、わざと当てる人も出てきます。相手に当てないルールなのに鼻血の2人がいたりします（笑）。

マウスピースは自分専用の物を使っている人はいませんでした。銀のボウルに20個くらいマウスピースが入っていて、それを水で洗い使いまわします。その当時はそれが当たり前だと思っていましたが、衛生環境に厳しい今ではありえないことです。今では同級生と会うと「お前とは同じマウスピースを使っていた仲じゃないか！」となり大爆笑します。

作新学院ボクシング部の伝統テーマは「先手必勝」です。「相手より先に手を出せ！そうすれば必ず勝てる！」夏合宿もきつかったですね。作新学院寮の隣にある合宿所に60人が雑魚寝で5泊6日。朝は6時からロードワーク、午前中は基本練習。昼食後に昼寝して15時くらいからジムワークです。さすが団体優勝回数ナンバーワンのハードワーキングでした。夏合宿最終日のロードワークは校庭30週、12キロ走です。

このハードな夏合宿が終わり、残っていた一年生の約半分が辞めていきました。何をやるにもそうですが、理想の光景や目指すべき目標がしっかりと見えている人は、どんな大変なことがあっても諦めません。「今、ここを頑張れば最高な幸せが待っている」と思えば頑張れます。

その頃、私は中学時代にかなわなかった「全国大会出場」を成功＝目標達成として、「日本で一番練習しよう！」とボクシングに取り組んでいました。それを支えていたのは「人生において成功は約束されていない。しかし、成長は約束されている」と言う言葉でした。

高校時代は本当に練習漬けでした。部活での練習後の居残り練習は当たり前、自宅に帰ってからも筋トレ、朝は6時前に起きて5キロ走の後、部活の朝練、昼休みにも道場に行きサンドバックを打つ…という日々でした。

そして、初めての公式戦。私はライトウェルター級で出場しました。1回戦の1ラウンドにまさかのダウン。周りもびっくりしましたが、すぐに立ち上がりダウンを取り返して1ラウンドKO勝ちでした。準決勝、決勝と1ラウンドKOで勝ち、県大会で優勝することができたのです。「真剣に努力すれば必ず成長できる。その積み重ねが成功に繋がる」と言うことを実感することができました。

その後、地元栃木県で開催される全国選抜大会の出場権をかけ、作新学院副主将の先輩と試合をしますが判定負けでした。その悔しさからもっと一生懸命練習しようと思います。

二年生になり関東大会予選で決勝に進出しました。関東大会は一県で2選手が出られるので決勝に進出すればよいのです。その決勝は前回負けた先輩との対戦で、今度は勝つことができました。

そして、挑んだ関東大会。私は右利きのサウスポーだったので渡辺二郎選手や具志堅用高選手、タイの英雄カオサイギャラクシー選手の試合ビデオを見て研究しました。そのカオサイギャラクシー選手のリングシューズがすごく派手で「これカッコいい！」と思い、それを真似して作ったリングシューズで試合に臨みます。

1回戦はシードで準決勝が初戦、対戦相手のチームは神奈川県のボクシング有名校の三年生でした。試合が始まる前、対戦相手のチームの皆が私の派手なリングシューズを見て大爆笑。私は「よし！　油断してくれた！」と思いラッキーな気持ちで試合に入れました。そして、1ラウンドＲＳＣ（レフリーストップコンテスト）勝ちしました。

決勝戦は、埼玉県の高校で強いと言われていたＴ選手でした。技術、知識、経験では劣るものの気持ちでは負けなかったと思います。1ラウンドＲＳＣ勝ちすることができました。そして二年生でしたが関東大会で敢闘賞をいただくことができたのです。

初めての全国大会優勝！
アジアジュニア選手権大会日本代表に選出！

二年生のインターハイ。全国選抜チャンピオンのN選手に勝ちたい！と思い出場しましたが、2回戦で広島の選手に判定負けです。公式戦で初めて戦うサウスポーでした。何もかもが噛み合わないままの判定負けでした。「何やってんだろう？」と悔しかったのを覚えています。決勝戦でN選手と戦ったのは関東大会の決勝で当たったT選手でした。「もしかしたら、あの場所に自分がいたのでは？」と思うと更に悔しくなりました。

二年生の国体。階級を下げてトライしました。ライト級で出場した山形国体では順調に勝ち上がり決勝まで進出します。これに勝てば「全国チャンピオン」です。対戦相手は選抜とインターハイを優勝した宮崎県の選手でした。結果は判定負けでした。もう少しのところでトップになれません。

その時、自分の心は決勝進出が決まった時点で気持ちが切れていたように思います。インターハイで決勝進出ができなかった悔しさから、決勝進出がゴールになっていたのです。「こんなんじゃチャンピオンになれるわけない」とつくづく思いました。

三年生になり作新学院のキャプテンになりました。「自分だけでなく周りのみんなが、部員全員が強くなるためにはどうすればいいか？」を常に考えるようになりました。その時に取った行動は、「キャプテンが一番練習する」ということでした。それをやることで同僚も後輩もついてきてくれたように思います。

▼全国選抜大会での優勝
（作新学院ボクシング部時代）

三年生になり全国選抜大会に関東代表としてライトウェルター級で出場。1回戦の対戦相手は香川県のK選手でした。K選手に対してのデータは全くありませんでした。そして試合開始、K選手は強い強い、むちゃくちゃ強い。「同い年でこんな強い選手がいるんだ！」と思いながら本当にバチバチの殴り合いとなります。3ラウンド・フルラウンドで非常に体力を使いました。自分の力を出し切った感はありました。正直自分の中でも「勝ったと思うけど、もしかしたら…」と思いながら判定を待ちました。レフリーは私の手を上げました。こんなうれしい瞬間は初めての経験でした。

試合後、K選手と話をしました。「むちゃくちゃ強いね！今まで戦った相手で一番強い！ありがとう！」と伝えると、「齋藤も強いな！今回は負けた！俺も頑張る！」と言ってくれました。

2回戦は岩手の選手に1ラウンドKO勝ち。準決勝は新潟の選手に1ラウンドRSC勝ち。決勝は熊本の選手でした。作新学院から一緒にこの大会に出ていたバンタム級の選手がRSCで優勝したので、私も倒す気満々で川島八郎監督に「あいつに続いて倒して勝ちます」と言ってリングに上がろうとすると「何考えてんだ！ 判定を狙え」と一喝されました。

その試合は、1ラウンドにダウンを奪い、その後も相手のパンチをもらわないように攻め続け安全運転で判定勝ち。その瞬間、「全国で一番になったんだ！」と嬉しくなりましたが、1回戦でK選手に勝った時の喜びの方が大きかったように感じました。

試合後、優勝したことを母に電話で伝えると「幸ちゃん良かったね～!! お母さんも嬉しいよ！」ととても喜んでくれました。次の日の地元の下野新聞にはバンタム級の選手と一緒に一面カラーで優勝したことが載っていました。新聞に掲載されると日本で一番になった実感が湧きました。

そして、インターハイ団体優勝に向け、頑張って練習している時に朗報が入ります。何と私がアジアジュニア選手権大会のライトウェルター級の代表に選ばれたのです。小学生の頃には県大会にも出場できない私が日本代表として海外で試合をするようになるなんて全く思っていませんでした。高校生では私とH高校の選手のみで他の階級は大学生でした。

少し前に全国的にTVで有名になったY根会長が、当時の日本代表チームの監督でした。

▼アジアジュニア選手権大会（写真中央がＹ根会長・その後ろが当時17歳の著者）

私はその当時17歳で27年前の出来事ですが、Ｙ根会長はその頃から最近のＴＶの通りの方でした。チームミーティングには参加せず、食事の時だけ一緒になる感じです。ボクシングに関してのアドバイスは何もありませんでした。

この頃のアマチュアボクシングのトップは別の方でしたが、当時のアマチュアボクシング界は超ブラックでした。これは私個人の感覚ですので、それについては賛否両論はあると思いますが、「言うことを聞く人間は残る。聞かない人間はいなくなる。消される」という世界のように感じました。

試合は、1回戦でマレーシアの選手にリングシューズが滑ってスリップしたことがダウンとみなされ、まさかのＫＯ負けです。国際電話で母に「不完全燃焼で負けたことがすごく悔しい！」と伝えると、「しょうがないよ。これからも頑張れば、また日本代表に選ばれるよ。元気に日本に帰ってきな！」と励ましてくれました。本当に優しい母でした。

この頃、私はプロボクシングでは辰吉丈一郎選手や鬼塚勝也選手が大活躍していた時だったので、高校を卒業したらプロになりたいと考えていました。しかし、アジアジュニア選手権で「日の丸を背負って戦うことってすごいことだな！ 日本代表になりたい！」と強く思うようになります。そして、後にはオリンピックに出たいと思うようになります。

宿命のライバルK選手との戦い 考えられない日連による理不尽な判定

海外から帰って、一週間ですぐに関東大会でした。

作新学院はインターハイ団体優勝を狙い、最高の結果を出します。当時の関東大会は一階級にAトーナメントとBトーナメントがあり、一県から2選手がでることができました。各県の優勝者がAトーナメントに集まるのではなく、各県のチャンピオンが均等に分かれます。栃木県からの出場選手は、ほぼ作新学院となりました。

そして、挑んだ決勝戦。モスキート級B、ライトフライ級A・B、バンタム級A・B、フェザー級A・B、ライト級A・B、ライトウェルター級Aの私まで10人の関東チャンピオンが誕生し、圧倒的な点数で団体優勝。個人的には1回戦、準決勝、決勝まで全て1ラウンドKO・

RSCで最優秀選手賞をいただきました。

この時の作新学院のメンバーは本当に豪華で、数か月後のインターハイ団体優勝に向けて皆が一致団結していました。私も、香川県のK選手に勝つための練習を意識して練習を重ねていました。それほど彼は強かったし、その練習をすることでどんな相手が来ても対応できると考えていました。

そして、運命の地元開催のインターハイを迎えます。ボクシング競技は日光市で行われました。私は地元の代表として開会式に選手宣誓をさせていただきました。現在も、高校日本一を決める大会は全国選抜大会、インターハイ、国体がありますが、やはり一番重要視されているのがインターハイなのは今も昔も変わらないと思います。そんな重要な大会で選手宣誓をしたことに母は涙を流して喜んでくれました。

試合は1回戦2回戦と勝ち上がり、準々決勝に進出、対戦相手はK選手です。この日のために、いろいろな甘い誘いを断り、全てをかけてきました。会場中がこの試合がライトウェルター級の事実上の決勝戦と注目していました。

ゴングが鳴る、相手のパンチが良く見える。私のパンチが良く当たる。1ラウンド、完璧にポイントは取った。セコンドの沼尾先生も川島先生も「よーし！ 齋藤！ その調子で行け！ 倒そうとするんじゃないぞ！ このままよく相手を見ていけ！」と珍しく褒めます。

2ラウンド開始。相手にパンチが当たる。力任せで打つのではなくコンビネーションを意識しての攻撃。連打が当たる、そろそろスタンディングダウンか。でもレフリーはなかなか止めない。2ラウンドが終了します。

「よし！齋藤！良く見えている！2ラウンドも取った。あと1ラウンドだ！良く見ていけ！」と出されて挑んだ3ラウンド。このラウンドも良く見える。相手は短い距離での連打が得意なので、その距離には入らない。相手の打ち終わりに距離を取りながらの左ストレートからの右フック。全て当たる。そして、相手のパンチは全てよけられる。なかなかレフリーがスタンディングダウンを取らない。「こんなレフリーもいるんだ」と思いながら3ラウンド終了のゴングが鳴りました。

場内は、この試合に注目していたので拍手もすごかった。川島八郎監督からは「よし！齋藤！フルマークだ！」と言われ、自分でも「フルマーク！60対56とか55もあるかな?」と思う感覚でした。

レフリーがジャッチペーパーを集め、それを地元日光の女子高生に渡して判定を読み上げるのですが、なかなか読み上げません。何度も何度もジャッチペーパーがあっちに行ったり、こっちに行ったりしてリングの中央でずっと待たなければなりませんでした。

やっと女子高校生がマイクを取り、「ただ今の結果、赤コーナーK選手の判定勝ちです！」

▼インターハイの準々決勝
（K 選手との対戦・不可解な判定が下された瞬間）

とK選手の手が上がります。その瞬間、会場中がものすごくざわめき、「何が起きたんだ？」「何だこれは？」と全くその結果を受けとめられませんでした。

そして、「レフリーもジャッジも全員がボス（日本アマチュアボクシング連盟会長）の側近だもの。Kはボスのいる大学に行くのが決まっているし…」と誰かが言っているのを聞いてしまいました。それを聞いてハッとした！ 確かに！ 私と一緒にアジアジュニア選手権に行ったジャッジもKにつけている。そして別のジャッジもトップ（日本アマチュアボクシング連盟会長）の側近中の側近。こんなことがあるのか。私は何を信じて良いのか、さっぱり分からなくなりました。

試合後、対戦相手のK選手のところに乗り込み、本当に勝ったつもりでいるのかを怒りに任せて詰問したのです。これまでは対戦相手に敬意を評して試合後にこんなことは決してしません。当たり前のことですね。これでは、スポーツマンシップのないただの不良です。でも、その時ばかりは違いました。そのぐらい私はこの判定で冷静さを失っていたのです。

「おい！ K！ お前、今の試合、勝ったと思ってんのか？ おい！」と強い口調で問い詰めます。「ちょっと微妙かな？ とは思った…」とKは言いました。私は試合の判定をコントロールしたレフリーやジャッジに向けるべき怒りを対戦相手に向けてしまったのです。

この時に、母親はすごく泣いてくれました。私がどれだけこの試合のために準備していたか、いろいろなものをこの日のために我慢していたかを最も知っているのが母でした。母の涙は自分自身の恨みの気持ちを助長させました。「私の大切な母まで泣かせやがって！」と、ブラックな怒りと恨みの感情が溢れました。

その後、優勝間違いなしと思われたK選手は決勝でまさかの敗退。作新学院は「インターハイでの団体優勝は無理」と思われましたが、準優勝者が2名出てインターハイ史上初、チャンピオンがいない学校の団体優勝となりました。作新学院は5度目の団体優勝、その当時優勝回数は全国最多でした。キャプテンとして優勝旗やトロフィーを貰っても全く嬉しい気分ではなく、憎しみだけが残るインターハイになりました。

次は国体です。「絶対、国体でKを倒してやる！」というハングリー精神が生まれ、憎しみの心でボクシングを続けるようになります。

国体の1回戦。対戦相手は全国選抜大会でRSC勝ちした新潟の選手です。完全に舐めていました。1ラウンドにダウンを奪われ、何とか盛り返しますが判定負けです。その新潟の選手は、その後、東京農業大学に進み全日本代表選手となります。確かに強かったのですが、私は彼を見ていなかったのです。見ていたのはK君だけでした。完全に足元をすくわれました。

通常の高校生はここで終了ですが、川島八郎監督から「全日本選手権に出場してみないか」と声がかかりました。国体で負けて悔しかったこともあり、出場を希望しました。その当時、高校生が全日本選手権にチャレンジすることは非常に珍しかったと思います。

関東予選では、前年度の社会人チャンピオンの自衛隊体育学校の選手をKOして全日本選手権出場を決めました。最近ではプロの世界チャンピオンになるような選手や、オリンピックを狙う選手などがチャレンジしていますが、その当時は高校生での出場は非常に珍しかったし、それ自体があまりよく思われていなかったようです。

また、日本ボクシング連盟（日連）の方々は、私がインターハイでの判定をずっと恨んでいることも知っていたのだと思います。1回戦の相手は日連推薦のN選手になりました。大学リーグ戦でも一年生ながら5戦全勝するエリートです。ものすごく強かったです。1ラウンドRSC負けでした。その後、アトランタオリンピック出場選手となるN選手との力の差は歴然でした。

高校生でどこまでやれるのかとチャレンジしている自分に、いきなり国内最強クラスをぶつける試合を組むという日連のやり方は、今考えるとすごいと思います。「齋藤！ 何言っているんだ？ 何処に証拠があるのか？」と言われたら何も言えませんが、そう考えてしまうねじ曲がった性格になったのは、あのインターハイでの理不尽な判定がきっかけでした。

法政大学ボクシング部へ進学
日本代表としてオリンピックを目指す

その後、たくさんの大学から特待生として入学案内が来ました。そこで私が選んだのは法政大学でした。日連のボスのいる大学には行く気持ちはサラサラありませんでした。

また、入学金や授業料免除の良い条件の大学もたくさんありましたが、私の母から「法政に行こうよ！ 川島監督の母校、同級生のH君も行くし、入学金や授業料は出ないけれど法政の経営学部で経営を学んでお店の跡取りになってほしい！」と言われたのが決め手でした。

当時の「お食事処元助」はそんなに儲かっているようには見えず、スポーツ特待の方が無理をかけないと思っていましたが、そこは母のプライドだったのかもしれません。「入学金、授業料は親が出すもの。人のお世話になってはいけない。お世話になった川島先生の誘いをお金で判断して決めるのは人間らしくない」と母は考えたのかもしれません。

法政大学の入学試験の日。その日は母親の手術の日でした。父からは「ホクロを取る簡単な手術なので特に問題ない」と聞いていました。私は「ああそうなんだ〜」と思っていましたが、手術が始まってから5時間たっても母が手術室から出て来ないとのこと。何度か父親に電話しましたが、父は「そろそろ出てくるから心配するな」とだけ言っていました。実はその後に知りますが、それは大手術だったのです。

そして、私は法政大学に入学します。法政大学は6大学リーグ戦1部リーグで戦っていました。オリンピック選手、全日本チャンピオン等多くの有名な選手もいました。練習環境はリングも二つあり広々とした環境でした。

法政大学ボクシング部は、練習の間に学校の授業を受けるのではなく授業の間に練習をするというスタイルでした。従って練習時間に授業が入っている場合は授業を優先し、合同練習に参加できない場合は自主練となります。体育会系では珍しいのですが、文武両道を実践するとても良い環境だと思います。しかし、監督やコーチの管理下で力を発揮するような選手には甘えが生じる環境です。私自身もかなり甘えてしまった感じはあります。

入学した一年目の私の目標は「K選手へのリベンジ」です。それだけのために練習していました。一年生の時のリーグ戦で別の大学に入ったK選手と拳を合わせることはありませんでした。出場したリーグ戦では、高校時代に1勝1敗のT選手と対戦しましたがRSC負けでした。国体も全日本も優勝とは程遠い結果でした。

ただ、一年生の時も母が良く気にかけてくれました。「幸ちゃん、学校へ行っているの？英語は大丈夫？ドイツ語は大丈夫？生活費に困っていない？」などとよく連絡をくれました。これに応えるために学校に行っていたようにも思います。母に認めてもらいたい、それが学校に行き、ボクシングを頑張るモチベーションだったような気がします。

そんな成績でしたが、年末のクリスマスから1月末までの全日本の合宿に選ばれます。この合宿は超ハードでした。朝から晩まで、とにかく練習か食事をしているか、寝ているかのみ。特に、クリスマスやお正月と言う世間一般の大学生がウキウキしている時間をボクシングの練習に捧げます。楽しみと言ったら休日の前にちょっと遊びに出かけるぐらいでした。でも、きついながらも通常は自由な環境で練習をしていたので、むしろ全日本の合宿の雰囲気は好きでした。結局、この合宿に私は3年連続で参加しました。

そして、大学二年生になる少し前に、日本代表に選ばれました。ルーマニアでの国際試合です。ライトウェルター級で出場しましたがウクライナの選手に負けます。今でこそ、アマチュアボクシングの選手は各大会で確実にメダルを獲得する選手が何人もいますが、当時はそう簡単にメダルを獲れる選手はいませんでした。やはり、この大会でも日本人の優勝者はいませんでした。帰国して母に報告すると「日本代表なんだから誇りを持ちなさい。最善を尽くしての負けならしょうがないじゃない。幸ちゃんには可能性があるのだから頑張りな！」と励ましてくれました。

二年生のリーグ戦、ライトウェルター級で出場。去年負けたT選手に2回のスタンディングダウンを奪って判定勝ち。そして迎えたK選手との試合。K選手は減量が随分辛いようにも見えましたが、しっかりと体を作ってきていました。リーグ戦の大舞台でどちらが強いかが判明します。私が負ければ、「やっぱり齋藤は、あの時も負けていた」と思われます。それがすごく嫌で何か根深い因縁のようなものを感じました。

そして、結果は判定勝ちです。「あっ！ とりあえず恨みが晴れた！」と喜ぶと同時に一つの目標がなくなったことも感じます。ここでK選手と仲直りしておけば良いものの、仲直りはできませんでした。それからK選手とは、全日本の合宿で毎回1カ月ぐらい同じ時間を過ごすのですが会話は毎回ゼロのままでした。

大学二年生で挑んだ全日本選手権。これで優勝すればアトランタオリンピックのアジア予選に参加できる戦いです。日本連盟推薦第2シード枠から勝ち上がり、決勝戦で第1シードのN選手と戦いました。やっぱり強くて勝てません。その後、N選手はアジア予選も勝ち抜きアトランタオリンピック代表になります。その時、私はまだ19歳。「次のシドニーオリンピックに出るために頑張ろう」と思います。母も「やっぱりN選手は強かったね。次があるよ！ シドニーを目指そう！」と励ましてくれました。母の言葉って本当に嬉しいものです。

大学三年のリーグ戦。ライトウェルター級からライト級に下げてリーグ戦優勝に向けて挑戦します。しかし、減量に失敗。練習して体重を落とすのではなく、食べないで減量するという方法でした。減量に関しても法政大学は良いも悪いも全部自己管理です。結果的に、全試合が体調不十分での試合となり、勝ったり負けたりしました。

その頃、弟の信行も作新学院でボクシングを始めます。三年生のインターハイライト級に出場。1回戦で右の拳を骨折するにもかかわらず、左手1本で決勝戦まで勝ち上がり見事に決勝戦も勝ち全国チャンピオンになりました。そのことを「伝説のチャンピオン」と自分で言っていました。弟以外からは聞いたことはありませんでしたが…（笑）。

そして、弟もジュニアの日本代表にも選ばれ海外遠征にも行くようになります。キューバに行けたのは奇跡ですね。父、自分、弟とも日本一を経験したことになります。

弟も多くの大学から誘いを受けましたが法政大学に入ります。この年も私は国体の決勝でN選手に負け、全日本の準決勝ではボクシングで初めて年下のT選手に負けます。初め

▼弟（信行）はインターハイで優勝

て年下に負けたことを母に伝えると「大変だったね！　でも次があるよ！」と言ってくれました。

三年生もいなくなりキャプテンになります。いまだにリーグ戦を優勝できていない法政大学。2年連続の2位。今年こそはと一生懸命に練習していると、私がキングスカップの日本代表に選ばれたと連絡がありました。完全に嘘だと思いました。「もし選ばれるとすれば私でなく全日本の準決勝で私が負けたT選手だろう。なんで自分が？」と思いました。詳しく調べてみると、ライトウェルター級がT選手で私はウェルター級の代表でした。

そして、実家にその報告をしに挨拶に行くと母がいません。母は検査入院で栃木県立がんセンターに入院していました。実は3年前にしたホクロを取る手術とはガンの手術だったのです。私の母は「悪性黒色腫」と言うガンだったのです。

入院中の母を見舞うと、とても元気な声で「大丈夫だよ！　幸ちゃん！　頑張ってきな！

シドニーオリンピックに近づくといいね！」と笑顔で送り出してくれました。

そして臨んだキングスカップ。1回戦でカザフスタンの選手に判定負けでした。シドニーオリンピックが遠くなります。

最愛の母の死 モチベーションを失い、24歳で引退へ

そして帰国。日本に帰ると多くの着信メッセージです。「日本についたら連絡ください」との内容ばかりでした。成田空港に着き、とりあえず叔母に電話をしました。すると「幸ちゃんお疲れさま！ 宇都宮駅に着く時間が分かったら教えて」と言われ、大体の到着時間を伝えると「じゃあ西口のタクシー乗り場近くで待っているから」となりました。

私は、「母の病気が急変したのでは？」と考えましたが、タイに出発する時まではすごく元気だったので、そんなはずはないと思いつつ急いで電車に乗りました。宇都宮駅に着くと、叔母が車で待っていてくれました。叔母は涙を浮かべながら運転しています。多くを語ってくれません。私は日本代表のジャージを着たままで栃木県立がんセンターに着きます。そこにはすでに意識のない母親がいました。意識がないながらも私が帰ってくるのをずっ

▼最愛の母親の葬儀（著者と弟・信行）

と待ってくれているかのようでした。

大学の短期集中合宿だった弟に連絡します。弟も急ぎ駆けつけ、一緒に母を見るようになります。しかし、母を見るといっても意識のない母をただ見ているだけです。そして、その三日後の朝、母は全力で何かを伝えようとします。「頑張れ、頑張れ、頑張れ！」と言っていたように見えました。そして亡くなります。母が46歳、私が21歳、弟が18歳でした。

この時、父が人前で涙を流すのを始めてみました。私も、どんなに通行人がいようとも大きな声で泣きまくりました。弟も泣きました。体育会系の男3人がそろって泣いている異様な雰囲気だったと思います。私たち3人とも「絶対に母は死なない！」と思い込んでいたので、心の準備が全くできていませんでした。根拠のない自信でした。そして、一番泣いたのは祖母でした。母がガンであることも教えてもらえず自宅待機。死に目にも会えずに帰ってきた母を見て泣いていました。すごく悲しく寂しかった一日でした。母の葬儀には本当に多くの方々が参列してくれました。

母の死から、気持ちを切り替えて挑んだリーグ戦。法政大学には日本代表強化選手が8名もいました。4勝同士で迎えた決勝戦。相手は日本アマチュアボクシング連盟のボスが監督をしている大学でした。私は半月板損傷で戦線離脱、試合には出ることはできませんでしたが、その時の法政大学の布陣は抜け目がないものでした。でも、結果的には相手に勝利することはできませんでした。その頃の判定には微妙なものが非常に多く、相手の大学にも本当に強い選手が多くいるのにも関わらず、「また○○マジックだ」とか言われていました。一番かわいそうなのは選手ですね。

アマチュアボクシングへの想いや考え方は人それぞれに違いますが、「ボクシングを純粋に愛する人たちの競技」がアマチュアボクシングだと私は思っています（プロボクシング関係者、プロボクサーがボクシングを愛していないと言うわけではありません）。そして、アマチュアボクシングに関わる人は、「私利私欲に左右されずに真摯にボクシングに関わる人」と言った方が良いのかもしれません。

アマチュアボクシングもいろいろな経費はかかります。ユニフォーム、練習用グローブ、ヘッドギア、バンテージ、マウスピース、大会があればそこまでの交通費、宿泊費等です。

でも、それを何とかして競技を続けるのがアマチュアボクシングです。「アマチュアボクシングを上手く使って金儲けしてやろう！」と思う人がいてはいけないのです。そういう人が役員になると、必ず私利私欲に走り、公私混同し、不正に手を出すのです。

つい最近、アマチュアボクシング連盟の審判部長をやったことのある作新学院の大先輩から「齋藤。日光インターハイの時は本当に申しわけなかった。あの時は誰もボスに意見を言えなかった。齋藤の人生を狂わしてしまって申しわけない」と謝られました。

私は「やっぱり、そうだったのだ！」と思いました。別にその大先輩が仕組んだわけではないのですが、正直なところ「今頃になって言われてもな〜」と思いました。ちょっと前までのボスは、その頃のボスではなくY根会長です。いろいろとやり過ぎちゃったんでしょう。テレビでも話題になり、心機一転した現在のアマチュアボクシング連盟は非常に公明正大な組織になったと個人的には思っています。ボクシングを純粋に愛する人たちの競技のための集団になったのですね。

大学四年生の時も国体も全日本も優勝できませんでした。母を失ってからはいい加減な人生が始まります。分かりやすく言えば「授業に行かない」です。私は母が喜んでくれるから頑張って授業に行き、単位を取ってきました。しかし、母親亡き後、授業に行かなくなります。弟もボクシングの練習は一生懸命するのですが、授業には全く行きませんでした。

その頃から「パチンコ」「パチスロ」にハマり始めます。そして学生ローンに手を出してしまいます。いわゆる「学ロン」、学生証一枚でお金を貸してくれるところです。

そして、四年生、キャプテンも引退。次は何をするかと考え、「とりあえずプロになるか」と安易にプロになります。所属はイワキ協栄ジム。実は作新学院の大先輩にアマチュア時代61戦連勝の元プロボクサーのK先輩がいて、その繋がりからイワキ協栄ジム所属になります。とは言ってもイワキ協栄ジムに行ったことも練習したこともありません。練習はその先輩のジムか新宿の協栄ジムでした。

私はアマチュアで経験が長かったためプロボクシングのライセンスをB級で取りに行きます。筆記試験もあり、ただ喧嘩が強いだけではプロボクサーにはなれないんです。そしてスパーリング。相手は私の法政大学の一年上の先輩で後の東洋太平洋チャンピオンのクレイジーキムでした。B級ライセンスを落ちる人はあまりいませんが、一生懸命にスパーリングも頑張り、B級ライセンスに合格します。

ライト級のデビュー戦は東日本の新人王で準優勝した選手でした。この選手は後に東洋チャンピオンになります。ゴングが鳴り1ラウンド開始。自分のパンチをガンガン当てて行きます。「お〜！ 良い感じ！」と思って油断した瞬間に、ボクシング人生で初めての出来事が起きます。対戦相手のバッティングで左目の上がパックリと切れたのです。左目の中に血がどんどん入ってきます。

人間は今まで自分の人生で初めての出来事に出会うと慌てるものですね。左目が真っ暗で何も見えません。でも、それなりに身体を動かし相手のパンチを避けきり1ラウンド終了。セコンドに手当てをしてもらい、何とか見えるようになったものの、すぐに血が出てきます。でも、何とかそれなりに安全運転して判定勝ちとしました。

まぶたの傷は、その日のうちに後楽園ホールの中で縫ってもらいました。名誉の負傷ではありませんが、今でもその傷跡はしっかりと残っています。私はこの時に目が見えない人の大変さを知りました。この試合の何十年後に、片目しか見えない人と一緒に仕事をするとは思いもしませんでした。

デビュー戦のファイトマネーはチケットも結構売れたので30万円ぐらい入りました。でも、毎月試合があるわけではないので、4カ月に一回試合があったとして4で割ると7万5000円。とてもボクシングだけで食べていくことはできません。カラオケボックスでアルバイトをしながら、ボクシングをやって行きます。ほとんどのプロボクサーがアルバイトをやっています。法政大学の後輩でサラリーマンをやりながら世界チャンピオンになった木村悠君がいます。彼は本当にすごい、二足の草鞋をしっかりと履きこなしましたね。尊敬します。

▼厳しい戦いが続いたプロボクサー時代

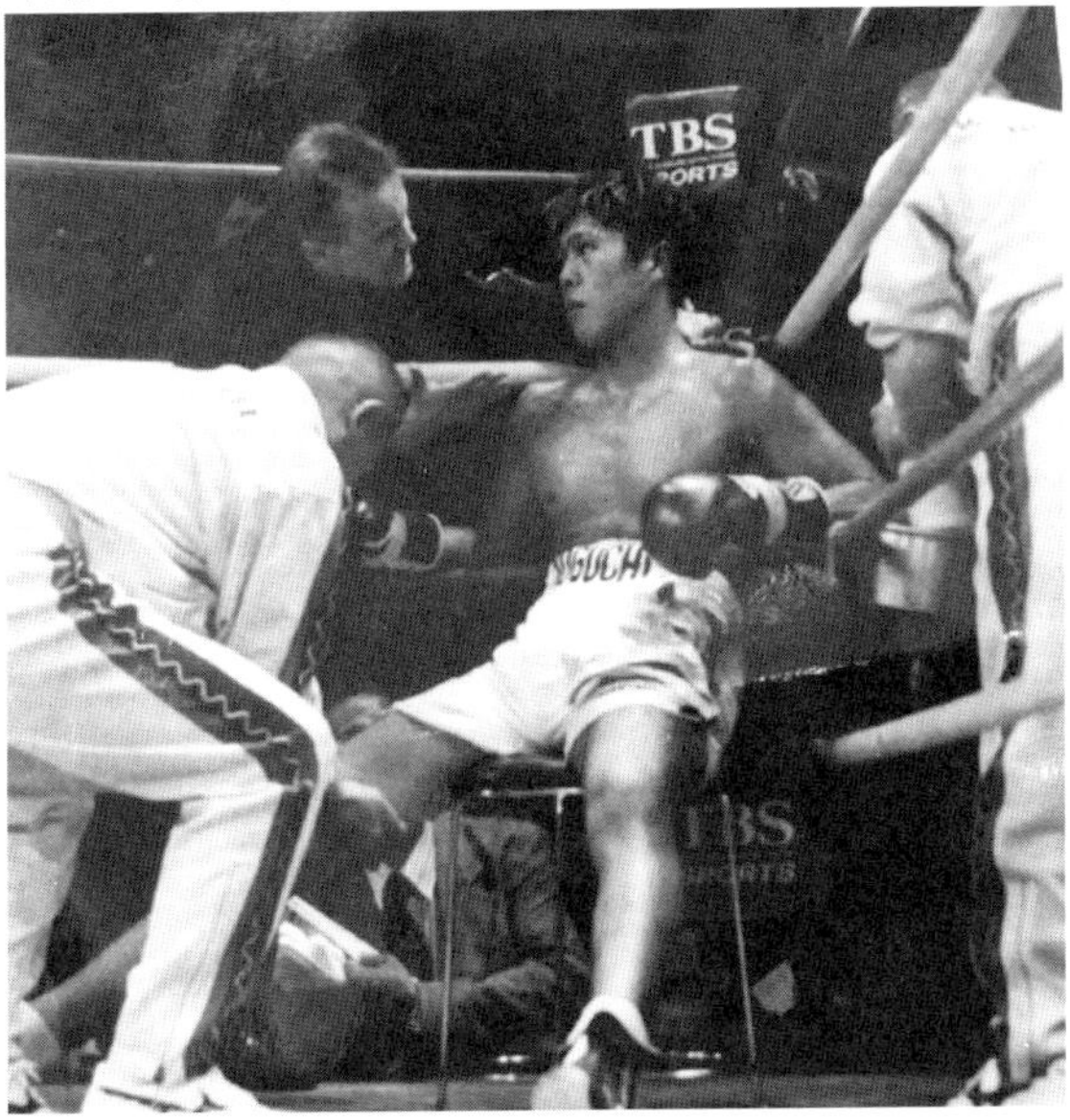

6回戦で2勝するとA級ライセンスになります。次の試合の相手も強かったですね。1ラウンドに私の右フックが当たりダウンを奪います。これで調子づくところが良くありません。その後はずっと右フックばかりに頼ってしまい8ラウンドの判定決着で引き分けでした。応援してくれている方もたくさんいました。「今は世界チャンピオンになれるレベルでもない。何処まで行けるか分からないけど、とりあえずやれるところまでやってみるか」と言うのが、その時の正直な気持ちでした。

アマチュアで経験が長いとなかなか試合が組めないのでトーナメントに出ることにしました。A級ライセンスを持っている人が出場できるA級トーナメントです。1回戦、準決勝と勝ち上がり決勝戦。プロ2戦目で引き分けた選手が相手です。これに勝てば、ランキングにも入るので日本タイトルマッチも近づく試合です。セコンドには世界チャンピオンを何人も育てている協栄ジムのロシア人のコーチがついてくれました。日本語ではなくジェスチャーで一生懸命アドバイスをくれました。しかし、8ラウンド判定負けでした。

プロになり一生懸命に練習はしましたが、高校時代ほどではなかったように思います。私にとってのボクシングを頑張るモチベーションは「母親が喜んでくれること」だったのです。これに気づいたのは40歳ぐらいになってからです。「そんな甘っちょろい考えで、命を懸けて戦うスポーツをしてんじゃない！」と怒られるかもしれません。母親が亡くなってからは、宙ぶらりんの状態でボクシングをやっている感じでした。

そして、負けてもそんなに悔しくない、この状態で人は成長しませんね。現状維持がやっとです。現状維持は並行のようですが、スポーツやビジネスの世界では衰退を意味します。

この頃は「人生において成功は約束されていない。しかし、成長は約束されている」と言う言葉をすっかり忘れていました。「これじゃ駄目だ」と思い24歳でボクシングの世界から引退します。その時に父は何も言いませんでした。

Part Ⅲ

借金まみれのどん底の日々

報われない健康食品販売の仕事
父の先物取引の失敗

健康食品の販売を始める父は先物商品取引にのめり込む

引退を宣言すると多くの人が、「まだまだこれからだよ！　もったいないよ！」と言ってくれました。しかし、既に自分の中では次にやりたいことが決まっていました。

それは健康食品の販売です。作新学院時代の同級生の父親からの勧めもあって、健康食品販売の説明会に参加したのがきっかけでした。

説明会では、商品説明や利用者や販売の成功者の体験談などがあり、今思えば素直すぎる性格の私は「なんてすごい商品なんだ！」と、全ての話に感動していました。

その販売方法の特徴はスーパーやショッピングセンターなどで売るのではなく、人から人への紹介で商品が広がっていく販売方法です。そうすることで権利収入が発生し、また、宣伝広告費をかけないことによって販売する人に利益を多く還元するとのことでした。そして、大学中退で何の資格も免許もないその時の私にとって、このビジネスは知識や経験がなくても、誰にでもチャンスがあるという話も気に入りました。

後日、私は何の疑いもなくローンで健康食品をまとめ買いして、半額で商品を買える権利を手に入れました。

私が健康食品の販売を始めた頃、父が「信行の学費を払えない」と相談してきました。私は「そうなんだ。ちょっと信行にも伝えてみる」と答えつつ、「でも、何でだろう?」という疑問が湧きました。

亡くなった母の遺産が入り、新しい土地付き建物も買って自社物件としてキックボクシングのジムも経営している。また、弁当屋もやっている。それぞれが大繁盛しているわけではないが、大赤字になるとも思えない。すごく不思議でした。

当時、私は健康食品の販売と父の弁当屋の手伝いもしていました。弁当屋の入り口で焼きそばを焼いている時に、だれか知らない電話が入るたびに、席を外し、こそこそと話している父の姿が気になりました。「絶対におかしい。何なんだろう?」と思いながらも数日たったある日、私が小さい頃から働いてくれていたパートの女性から「幸ちゃん。マスター多分、先物取引やっているよ」と心配そうに言われたのです。私は「先物取引?なんだそれ?」と思いつつ、あまりにも父の様子が変なので自分なりに調べてみました。

株の売買は、その株を買うお金がなければ株は買えません。1億円分の株を買うのに500万円しかなかったら買えません。しかし、先物取引は違います。500万円しかなくても1億円の株を買うことができるのです。500万円分を預けるだけで1億円分の株を買って勝負することができるのです。そして、売る時に1億2000万円になっていたら200万円の儲けを手にすることができるのです。しかし、売る時に1億円の株が9800万円になっていたら200万円のマイナスです。そこで「保証金の500万円から200万円引いた300万円を貰って終わり」ということもできますが、ここからが商品先物取引の怖い所（面白い所？）で、200万円の追加金を入れれば継続して1億円の株の取り引きができるというシステムなのです。

もちろん、商品先物取引は株ではなく商品なので、トウモロコシ、豆、金、ガソリンなどが商品として扱われます。500万円の元手で1億円分のガソリンを買い1億5000万円で売って5000万円儲かって止めればいいのですが、「もうちょい行けるだろう！」とガンガン儲けようとして全部を失ってしまうこともよくあるそうです。

また、商品先物取引では商品を買っていないのに、売ることもできます。買い戻すことが前提でその差額が利益になるのです。売ってから買い戻す、買ってまた売る、そうやって泥沼にのめり込んでいくのだそうです。完全にギャンブルですね。相場のプロだったら勝つこともできると思いますが、キックボクシングと定食屋、弁当屋しかやったことのない父が勝てるはずがありません。母が生きている時には宝くじ一枚買わない父でした。母がいなくなった悲しみがギャンブルに向かわせてしまったのかもしれません。

商品先物取引は、一度手を出してしまうと、なかなか引き下がれません。毎日が上がった下がった、損した得したの興奮状態。５００円の弁当1個売って２００円の利益を出すことの生き方が馬鹿らしくなったのかもしれません。

私は先物取引を止めるようにいろいろと合図を出します。先物取引で一家崩壊したというブログを印刷して食卓の上に置いたり、先物取引の会社から送られてくる封筒をポストから出して開封して置いたりします。でも、全く気づいてくれませんでした。

そして「お父さん。先物取引やっているでしょう。どれだけ使っちゃったかは分からないけど、今すぐ止めて！ 他のことが手に着かなくなっちゃうよ。お母さんも死んだ後の世界で泣いていると思うよ！」と思い切って言葉にしました。父は「幸一には関係ない！」と言って不機嫌そうにその場を去って行きました。この時に、もっと強引に止めさせておけば傷は浅くて済んだのかもしれません。

学費が払えず大学とボクシングを辞めた弟 兄弟で健康商品の販売へ

その当時、弟は法政大学ボクシング部で、次期キャプテンと自他ともに認められるチームのまとめ役でした。弟は自分のため、法政大学のために頑張っていたのです。

私は電話で「あまり良い話じゃない、父ちゃんがもう大学の授業料払えないから大学辞めて帰ってこい」と伝えます。弟は「まじかよ。そんなに悪いとは思ってなかったけど。もうすぐ新学期になり大学リーグ戦も始まるっていうのに…」と返ってきました。

私は「父ちゃんが先物取引きに手を出してしまってかなり借金している。弁当屋もキックボクシングのジムにも集中してない。法政の監督には俺から連絡しとく…」と伝えます。

「ああ解った」と弟は悔しそうに電話を切りました。

それから法政大学の監督に連絡すると、監督もまさかの出来事に慌てます。これからキャプテンにしようと思っていた選手がいなくなるなんてチームにとっても大打撃です。でも監督は、「幸一も大変だけど頑張れよ！」と優しく声かけてくれました。

実家に帰ってきた弟は私と一緒に弁当屋を手伝います。そして、健康食品の販売の仕事を一緒にやるようになるのです。

弟も私と同様に販売する商品を体験して「なんだこれ！すごい商品じゃん！こんだけ結果が出る商品だったら本当にビジネスチャンスあるよ。兄ちゃん。これで、齋藤家も一発大逆転できるかもね」と素直に言ってくれました。弟もローンを組み半額で商品を買える権利を得ます。そして、兄弟して「大切な人たちに健康になってもらいたい」「すごいビジネスチャンスがあることを知って欲しい」と思って熱心にその商品を勧めていきます。多くの友人や知り合いが「幸一がそこまで言うんじゃ行くけど一回だけだからな」とか、「とりあえず行くけど何にも買わないからね」などと言いながらセミナーに参加してくれました。

私は「よし！ これで健康と同時にビジネスチャンスも一緒に掴もうぜ！」と張り切りましたが、私の思いとは裏腹にドンドン私の周りから仲間や友達がいなくなっていきます。

そのスピードは本当にF1のようでした。あっという間でした。しかし、私は自分のやり方を反省するどころか「畜生、あいつら見ていろよ。絶対成功して見返してやるからな。いつか奴らの足元にビッグマネーを叩きつけてやる！」と思うようになりました。

今でこそ分かりますが、そんなネガティブな感情の人間から物を買うような人はいませんよね。ドンドンのめり込んでいきます。私の携帯電話に出る人は一人もいなくなりました。本当に友達がいなくなったのです。

先物取引の失敗で全てを失う父が家を出る

その頃の父は、弁当屋とゲンスケキックボクシングジムをやっていました。でも、仕事に集中できるような状態ではありません。当時は私よりも弟の方が父とはよく話していたと思います。弟が父に「今は実際に先物取引どうなの？」と聞くと父は「先週までは5000万円負けていた。しかし、今週は1300万円取り返した」と言っていたそうです。これでは、弁当屋やキックボクシングジムの仕事に集中できるわけがありません。

そして、ついに「もうだめだ！　追証ができない。全てを売り払うしかない！」となりました。父は祖母のお金もたくさん使っていました。祖母が持っていた塩谷町の山もいつの間にか売っていました。本当に、先物取引は怖いですね。正確な金額は分かりませんが、1億円ぐらいは損したのではないでしょうか。弟は、先物取引での復活も期待していただけに私よりガッカリしていました。

そして借金の返済のために母の遺産で新しく買った弁当屋の土地とキックボクシングジムの土地と建物を売り払います。それだけでは足りません。ずっと私たちが住んできた実家と土地も売り払う必要がありました。祖母は、土地建物を手放す原因が先物取引だとは知りません。そんな祖母に分からないように父の姉である叔母さんに相談します。そして、叔母さんからお金を借りて何とか実家の土地と建物だけは残りました。

そして、私は父を責めます。「本当に駄目だ。母さんも、あの世で泣いているよ。どうすんだよ！　これから！　どうやって叔母さんにお金返して行くんだよ！」と強い口調で言うと、「幸一、ずいぶん偉そうだな。じゃあ、お前がやっている健康食品の仕事でどんだけ稼げてんだよ。お前だって駄目じゃねえか！」と言われました。

私は「俺も一生懸命頑張っているんだよ。でも、これは初期投資。父ちゃんがやっているギャンブルじゃねえんだよ！」と跳ね返します。「幸一！この野郎！調子込みやがって！」と一触即発でしたが弟が止めてくれました。

周りの皆が認め、誰からも尊敬されていた人は、失敗すると「他人からどう思われるのだろうか？」という恐怖からその場からいなくなります。父も同様に平家の落人が集まる場所と言われる「湯西川温泉」で住み込みで働くことになります。湯西川温泉では、「キックボクシング東洋ウェルター級チャンピオンのゲンちゃんがこんな所で何やっているの？」なんてことはありませんからね。毎月の給料はいろいろと引かれて10万円。この給料で、「叔母さんへの返済は大丈夫なのか？」と思いましたが、父は「和食の何でもできる一流の板前になって帰って来る」と言って家を出て行きました。

成功するまで偽れ?!
見栄を張り、膨らむ借金

健康食品販売を始めた頃、ある上司から、こんな衝撃的な一言を言われました。「成功するまで偽れ」です。今思えば笑っちゃいますが、その当時の私は「そうなんだ！」と思って頑張って偽りました。そして、稼いでいるような外見でいなければならないと勝手に思い込みました。

健康食品での月の収入は３万円〜５万円ぐらいなのに、私の紹介者の紹介者が「ＢＭＷ５シリーズを売り出すけど買う？　古いから30万円で良いよ」と言われ、「ＢＭＷが30万円なら買います」と二つ返事で買うことを決めます。もちろん、現金は持っていませんからサラ金で何とか30万円を借りて買いました。燃費も悪いからガソリン代もかかります。弁当配達で使っていた軽自動車の方がどんだけ燃費が良かったことか。本当に無理をしながら自分を偽りながらやり続けます。本当にポンコツな選択の連続です。全ては自業自得。どんどん私は落ちて行きます。

貧乏なくせに「成功するまで偽れ」を信じて偽り続けたのです。でも、今思えばそんな上面の偽りは普通の感性を持っていたらバレバレですよね。

父が家を出てから半年ぐらい経った頃、私も弟もサラ金からむちゃくちゃ借金をしていました。当時は金利もとてつもなく高くて、年率30％弱くらいでした。更に返済が遅れるので遅延損害金として35％くらい払っていたと思います。そして、２人の借金は８００万円を超えます。

年率14％の「不動産担保ローン」も実家を担保にしてローンを組みましたが、月々返して、また借りて、返してまた借りてを繰り返し、いっこうに借金は減りません。最初は2人で800万円でしたが「限度額が増やせますよ」と連絡があり、その額は1000万円になり、更に1250万円になります。健康食品のビジネスの失敗談に多くあるのが、在庫をたくさん抱えることですが、もう一つはサラ金の金利が高くて借金が雪だるま式に増えて行くことを実感しました。

借金を抱えたまま、その後も健康食品の販売を続けました。私と弟とは毎日朝から昼過ぎまで宇都宮駅東口でチラシを一緒に配ります。普通に配っても面白くないし、誰も見向きもしてくれないだろうと、ボクシングを引退して激太りした時の写真を首からぶら下げ、「こちらが使用前で私自身が使用後です」と言った感じで懸命にチラシを配りました。

しかし、その後、弟は彼女ができて私と一緒にいる時間より彼女と一緒にいる時間が多くなります。弟は「兄ちゃんと一緒に齋藤家を立て直すことは無理だ。俺は俺の人生を生きるようにするよ。俺は、健康食品の販売を止める！」と言って実家を出て行きます。「ああ、じゃあそうしろよ！ 俺は絶対に成功して見せるからな！」と何の根拠もなく怒鳴り散らしました。

その後、弟は彼女とマンションで暮らすようになり結婚します。弟は居酒屋で働き始めましたが、しばらくすると系列店のキャバクラで働き、今は法律で禁止されている「キャッチ」をやるようになります。

なっちゃんと娘との感動的な出会い 健康食品販売から解放される

弟が健康食品の仕事をやらなくなり、私一人でチラシ配りをします。すると先日、ティッシュとチラシを交換した仏様（優しい仏様のような笑顔の女性）がまたティッシュを配っていました。私はその時も、例の使用前使用後の写真を首からぶら下げています。

その女性に近づいて行くと我慢していた笑いを抑えきれず大爆笑です。宇都宮駅の構内中に聞こえるくらいの大声で笑ってくれました。「こんなぶっ飛んだ人、最近は会ったことなくて超ビックリ、超面白い！」と言ってくれました。

そのティッシュ配りをしていた女性が、今のアップライジングの専務でもあり、私の妻でもある「なっちゃん」でした。その後、なっちゃんは健康食品を購入してくれて、すぐに結果が出てとても喜んでくれました。実は彼女は芳賀中学校の柔道部のキャプテンで県大会で優勝。茂木高校でもキャプテンになり国体に出場。ヤワラちゃん世代の全日本の合宿にも参加するほどのスポーツマンでした。そして、彼女も健康食品を半額で買える権利を得て、健康食品の販売をスタートさせます。

その後、なっちゃんは離婚調停中だった前の旦那と正式に別れます。そして、なっちゃんには2歳半の娘がいました。

▼人生最高のパートナー・なっちゃんとの出会い

その子に最初に会った時のことは忘れられません。大袈裟ではなく、その子が実家の玄関から現れた時は光に包まれた天使が私の元に現れた！と思いました。そして、私の母の生まれ変わりかもしれない！とさえ思うようになりました。

人間が亡くなってから、次に人間に生まれ変わるのは3000年に1回と言われているのに、そんなことってあるのかな？ と不思議に思いました。とにかくすごい衝撃でした。何かすごい波動のようなものを感じました。

そして、なっちゃんは消費者金融の仕事をやりながら健康食品の販売をやりました。仏様のような笑顔の彼女なので、健康食品がどんどん売れます。そして、一緒に販売する仲間も増えて行きます。最初は本当に上手く行っていました。

しかし、いつからか無理が来ます。このビジネスは資本金があまりかからないので入りやすいです。しかし、本当に稼ごうとするならば、社会や時代状況にしっかりと向かい合い、良いことだけでなく悪いデータも集め、そして集めたデータを元に、感情に惑わされないで理性的に判断して行動する必要がありました。

しかし、その当時の私にも彼女にもそれはありませんでした。自分を偽りながら感情だけで何でも判断していました。親戚や友達に伝えまくった後には、知らない人に伝えなければなりませんが、これが難しいのです。やはり上手く行かなくなってきます。自分だけでなく、なっちゃんもサラ金で借金をするようになりどん底に向かっていきます。

その時の私はどうか？ やはり友達はゼロ。なっちゃんと娘と3人でなんとかこの暗黒の時代を切り開こうとします。しかし、稼いでいるはずもないのにイベントに出続け、お台場、横浜、愛知県などの大きいイベントから小さいイベントまで毎回出続けました。海外研修にも参加し、稼いでいるわけでもないのに高級外車に乗っています。でも実際には借金だらけなのです。

そして、いつしか健康食品販売の地域のリーダーから言われた通りにやらなくなります。そうするとリーダーが「齋藤君。もう来なくていいから。齋藤君は齋藤君なりにやりなよ。それの方が上手く行くんじゃない？」と言われました。

僕はこの時「やっと解放された。もう偽らなくてもいいんだ！」と思いました。そして、ついに、この健康食品販売を止める決意をします。

健康食品の販売を2年半やりましたが、本当になっちゃんと娘以外、全て失いました。「今に見てろよ、こん畜生！」とやってきましたが、「だから言っただろう！」と笑われるような結果となりました。

友達は、ほぼ全員いなくなり、全国にいたたくさんの友達、誰からも電話はかかってきません。かかってくるのは、サラ金のみでした。

ただし、販売していた健康食品は、今でも定価で買って飲み続けています。ビジネスの方法も合法です。偽ることなく、正直に正しくやれば上手く行く仕事だと思います。上手く行っている人もたくさんいます。私のやり方が駄目なだけで、この健康食品販売の会社やこのビジネス方法は悪くありません。誤解しないようにお願いします。

家族3人で一日500円の生活費
ニコルのイエスタデイパック事件

健康食品販売を止めて何をするかは決めていませんでした。とりあえずラーメンが好きだったので、ラーメン屋のアルバイトを受けてみましたが落とされました。元ボクシングの日本代表とか元プロボクサーは、扱いにくいと思われたのでしょう。「怒って、逆切れして殴られたらたまったもんじゃない」と思ったのでしょう。

次は比較的時給が高い牛丼屋の深夜勤務の仕事を受けてみます。深夜11時間働くと2回分の賄いが食べられることが大きな理由です。面接の翌日には採用の電話があり、すぐにシフトに入れてもらい見習い期間が始まります。

その牛丼屋で、今アップライジングで働いてくれている年下の先輩（先に入店していれば年下でも先輩）と出会います。これも縁ですね。その年下の先輩が、その後、牛丼屋での私の思い出話をしてくれました。

深夜にイカツイお客さんがレジカウンターで「火ある？ 火頂戴！」と言ってきました。それに対して私は、箸にティッシュペーパーをつけて、ナベの種火の火を使ってティッシュに火をつけて渡したそうです。今思うと、その当時の私は完全にぶっ飛んでいますね（笑）。

その頃は本当に貧乏のどん底でした。月々の不動産担保ローンの支払い、なっちゃんの借金も合わせると一番多い時で１２００万円もの借金がありました。月々の支払いは、借金の返済と家賃や光熱費等で60万円だったと思います。払っても払っても、またサラ金から借りるのでいつまで経っても借金が減りません。

料金未納で電気やガスが止まることは良くあり、未納でもなかなか止められないと言われていた水も止まったことがあります。なっちゃんの実家が農家もやっていたのでお米だけはもらえますが、１カ月の食費に当てられるのは1万５０００円くらいでした。１日に使えるお金に換算すると3人で、何と５００円でした。

「この生活から何とか脱出しなければ！」と思い、牛丼屋のほかに弟が勤めるキャバクラでボーイとして働くようになります。なっちゃんもキャバ嬢として働きました。そのキャバクラではドリンクが1杯１０００円です。毎回、ドリンクを作りながら、「これで１０００円。我が家の2日分の食費と一緒だ」と思っていました。自動販売機でジュースも買うこともできなかった時代でした。

その頃は本当に貧乏暇なしで、娘を何処にも連れて行ってあげることができません。小学校に上がる前の5歳くらいの時、娘も親と一緒にいたい時期だったと思います。でも一日中、働かなければならない私となっちゃんは、朝ご飯の時以外は娘と時間を過ごすこと

▼ニコルのイエスタディパック事件の焼きそばパン

ができません。でも、毎朝、優しい娘は「パパ！今日も頑張って！」と笑顔で送り出してくれました。貧乏でもその笑顔があれば頑張れるものですね。

貧乏のどん底時代。私となっちゃんと娘の大好物がありました。それが、自宅の近くにあったパン屋・ニコルのイエスタデイパックです。前日の売れ残りのパンが5個まとまって315円。その中に人気商品の焼きそばパン（正式名称・広島風お好みやきそば）が入っているのです。

ある日、私は久しぶりにキャバクラが休みで牛丼屋の仕事が終わってからなっちゃんと合流し、二人でニコルに向かいイエスタデイパックを発見。そこに焼きそばパンが入っているのを見て、なっちゃんは「よっしゃあ！焼きそばパンをゲット！」と嬉しそうに言います。そしてアパートで久しぶりの家族団らんでの夕飯。なっちゃんが車の中に何かを取りに行って中々戻らないので、私は先にイエスタデイパックを開けて焼きそばパンにかぶりつきます。

戻ってきたなっちゃんが「あれ？焼きそばパンは？」と言います。私は「食べたよ！やっぱり最高だよ。焼きそばパン！」と言うと、「幸ちゃん。今回は私が食べる番だったのに。まじであり得ないんだけど！」と大泣きをします。そして娘を連れて、芳賀町のなっちゃんの実家に帰ってしまいました。「俺、何やっているんだろ。元高校チャンピオンでオリンピック代表候補だったのに。友達も誰もいない上に一番大切な、なっちゃんも幸せにする事ができないなんて…」本当に最低な男だなと、さすがにこの時は落ち込みました。

自己破産でも借金地獄は続いていく

この時が本当のどん底です。父親名義の不動産担保ローンの借金１２５０万円は弟と一緒に返さなければならないし、なっちゃんや彼女のお姉さん名義で借りたサラ金の３００万円の借金も返して行かないとなりません。

自分の名義の借金は約２００万円。この自分名義の２００万円だけでも勘弁してもらいたいと思い自己破産を考えます。「金利手数料や遅延損害金で借りた分の何倍も支払っている。もう勘弁してほしい」との考えです。相手のことを考えない、自分勝手でわがままな考えですね。本当に馬鹿野郎でした。

とは言え、自己破産したとしても自分名義のもの以外は全部払わなければならない。「不動産担保ローンは絶対に返したい。母と一緒に住んでいた実家の場所だけは何としてでも守りたい」と思いました。自己破産をしたら、今後いろいろなことができなくなる。でも、その時の私には、ちょっと先の未来なんて想像もつきませんでした。今の現実をほんの少しでも楽にしたい気持ちでいっぱいでした。

こうして私は「破産者」になります。借金苦で自殺する人も多いと聞きます。借りていたサラ金の会社には迷惑がかかるのは当りまえです。しかし、死んだら終わりです。借金苦からの自殺は多くの悲しみをもたらします。どん底に落ちても復活しやすい環境の日本です。生きていれば何とかなります。迷惑をかけた方々にも、生きてさえいれば巡り巡って恩返しができたりします。自殺は必ず地獄に行くと聞いたことがあります。自殺は止めましょう。

そして、「このどん底から抜け出さなければならない！　もっと稼げる仕事を探さなければ！」と強く思いました。

Part Ⅳ

再起への道のり

廃品回収業「くずやの斉藤」を開業
アルミホイールの回収と販売

リサイクルショップがキッカケで新しい道が開ける

父親が湯西川温泉から戻り、選んだ仕事は昔からの知り合いが経営しているリサイクルショップでした。他人の下で働くことのできない父が珍しい、と思っていました。

ある日、実家の前を通ると使えない自転車が山積みにされたトラックが停まっていました。違う日にそこを通ると、今度はタンスと冷蔵庫が山積みにされていました。リサイクルショップだから、お客さんから買った商品を綺麗にしてに売るもんだろうと思っていました。「でも、何でこんなに壊れた自転車やタンスばかりがあるんだろう？」と聞いてみたい気持ちもありましたが、この時期は私と父との関係が悪く聞くこともできません。

そんな時、突然、父から電話が勤め先のキャバクラにありました。「幸一。元気か？明日、信行と一緒に牛丼家に行こうと思うけどどいるの？」と言ってきました。私は「えっ！父ちゃんどうしたんだろ？ずっと喧嘩していたのに！」と驚きました。「明日もシフト入っているよ」と伝えると、「じゃあ信行と一緒に幸一のところの牛丼を食べに行く！」と言います。

そして、父は弟と来店し、牛丼とカレーをガッツリ注文します。父と弟は楽しそうに話していいます。父と弟も私同様に借金はたくさんあるはずです。「何でそんなにお金使えるんだろう？」と思いました。更に今回の支払いはすべて父でした。帰り際にレジで「父ちゃんどうしたの？何でそんなにお金持ってんの？」と聞くと「パッタン、プルルン、ペタジーニだな」と言ってきました。

これは、父の口癖です。「ペタジーニ」はヤクルトやジャイアンツで活躍したロベルトペタジーニのことです。「パッタンとプルルン」は未だに意味不明ですが…。そして最後に「後で時間のある時に実家に寄りなよ」と言って帰って行きました（パッタン、プルルン、ペタジーニは後の飼い猫の名前になります）。

そして、数日後キャバクラが休みの日に実家に行きます。父のトラックが停まっていて農機具のようなものがたくさん積まれていました。

父は「今、どんだけ稼いでいるか見せてやる」と言ってノートを見せてくれました。

そのノートには、毎日の細かい収支が書いてありました。入ってきた金額と出した金額です。それを見てびっくりしました。コンスタントに毎月50万円以上稼いでいるのです。

父にどういうことなのか詳しく聞いてみました。

「幸一、ゴミステーションに出せないゴミがあるの知っているか？」と聞きます。ゴミステーションに置き去りになり「×マーク」のシールが貼られたテレビがあったのを思い出しました。私は「テレビとかだよね？」と聞くと、「そうだ。タンスとか冷蔵庫とか自転車とかもあるんだ。飛び込み営業でお客さんの所に行って処分したい物があるかを聞く。処分したい物があったら、処分代金と手間代金をお客さんと話し合いで決めてお金をもらう。そして、それを処分する。その差額が利益になる」と教えてくれたのです。

私は「でも、そんなに処分したい物って一杯出てくるもんなの？」と聞くと、「このノートが証明書だ。皆、片づけたいと思っていても片づけられていない物が多くて、探してみると結構あるんだ」と言います。

私の月の収入は牛丼屋とキャバクラの掛け持ちで35万円ぐらいでした。私は「俺でもできるかな？」と聞くと「やる気さえあれば誰でもできる」と言います。私はすごくワクワクしてきました。「これだ！」と思いました。

どんどん仕事が取れる！研修は一日で終了

そして、牛丼屋とキャバクラを辞めて、早速リサイクルショップで働き始めます。その当時のリサイクルショップで働いている人たちのほとんどがわけありでした。アルコール依存症の人、会社を倒産させた人、ものすごい借金のある人などです。年齢は40代後半から60歳過ぎの方が多くいました。

その中に27歳の私が飛び込んでいきます。先輩方は「元ちゃんの息子だとしても、そんなにこの世界は甘くない」と言う目で見ていたようです。

入店と同時に約1カ月の修行が始まります。修行中は先輩の粗大ごみ回収の手伝いのためにに助手席に乗ります。修業期間中は、お金はもらえません。しかし、その期間中のお昼ご飯だけは先輩のおごりと言うのがルールでした。うちの父は修業期間が1カ月だったそうですが、私は「1カ月も無給の期間が続いたらとんでもないことになる」と思い、早目に修業期間を抜け出せるようにしようと臨みました。

修行一日目　先輩はこのリサイクルショップで最も稼いでいる方でした。難病を患いながら身内の借金を背負ってしまい、1カ月で50万円以上稼がなかったら生活できないと言う事情を抱えていました。だから、1カ月に1日も休みません。

朝9時過ぎに出発です。平日の一般家庭は、ピンポンを押してもなかなか出てきてもらえないので、鹿沼、今市方面の農家に向かいます。その先輩は難病のため顔はピンク色で髪の毛は白髪です。私に「俺、こんな顔でしょ。髪の毛も真っ白だし、みんなビックりするよ。でも恥ずかしいとか、どう思われるとかを気にしていたら、この商売できないから！」と言います。

そして、どんどん飛び込んで行きます。「どうも〜こんにちは〜、何か片づける物ないですか？ 農機具でもタンス、ベット、冷蔵庫、何でも片づけますよ」と声をかけると「壊れたビニールハウスがあるんだけど解体して鉄くずを持って行ってくれないかい？」と返ってきました。先輩は「見せてもらえますか？」と見に行きます。「お客さん、これは全部で3万円ですね」と言います。お客さんは「安いね。いつできる？」と言われ「今から二人でやりましょう！」と言って商談が成立します。

そして、速攻で始めます。ビニールハウスのビニールをどんどん外していきます。私も一緒に手伝います。ハウスパイプとビニールに分け、1時間半くらいで作業終了です。トラックに鉄くずになったハウスパイプを積み込み、お客さんから3万円をもらいます。

修行初日、先輩はわずか数時間で3万円を手にしました。それとハウスパイプの鉄はキロ15円で売れ、4500円になるとのことでした。これは衝撃でした。2時間で3万円と鉄くずを手に入れている先輩を見て、「俺もできる！」と思いました。

そして、早目のお昼ご飯を済ませ、午後の回収に向かいます。

「齋藤さん、午後から自分でやってみるかい？」と先輩が言います。先輩は午前中のうちに3万円の利益を確保できたので気持ちが楽になったのでしょう。早速やらせていただきました。何件か断られます。20代のくず屋は怪しいと思われたのかもしれません。でも、次から次へと声をかけます。

そして、ある農家の女性に「こんにちはリサイクルショップです。ゴミステーションに出せないような粗大ごみありませんか？　処分しますよ」と声をかけると「そんじゃあ、要らないタンスがあるんだけど、いくらで処分してくれる？」と返ってきました。

一緒に見に行きます。木の処分代金は1キロ20円、50キロのタンスだったとしても処分代金は1000円。二階から降ろす作業の手間代金と合わせて5000円くらいかな？と換算し先輩に相談するとOKをもらいました。「これだったら二階から降ろす作業の手間代と処分代金を合わせて5000円ですね」と伝えると、「5000円でいいの？　じゃあ処分して！」となり修行初日から仕事を取れました。そして、トラックにタンスを積み5000円をいただく時に「ありがとう！　助かったよ！」と言われました。お金をいただいた上に「ありがとう！」と言われすごく嬉しい気分になりました。ただ、これは修業中の仕事ですので5000円は先輩に渡します。

そして、その日は引き続き飛び込み営業を続けます。「丁度良かった。壊れた自転車があるんだけど片づけてくれないか？」となり、「自転車は1台800円です」と伝えると、「お願いします」となりました。「気合と根性と元気があれば仕事は取れるぞ！」と確信します。

その後も、どんどん飛び込んで仕事が取れました。

夕方5時くらいに会社に戻ります。先輩のトラックは満載になっていました。そして先輩がリサイクルショップの社長と私の父に「もう修行はいらないよ。初日からドンドン仕事が取れちゃうんだから。明日から親父さんと一緒にやっても大丈夫だね」と言ってくれたのです。何と修業は1日で終わります。やはり、気持ち次第で何とでもなりますね。

廃品回収業として独立！社名は「くずやの斉藤」

二日目からは父と一緒にまわるようになります。朝からずっと一緒だったことなんて全くなかったので新鮮でした。でも、二人とも貧乏だから、とにかく働きました。トラック1台で積み荷が満載になったら置き場に行き荷物を下ろし、また出発です。一週間たったころ確信が出てきます。この粗大ごみの回収の仕事なら間違いなく稼げると思いました。

弟から「兄ちゃん。俺も粗大ごみ回収やろうかと思うんだけど、実際どうなの？」と電話が入りました。「信行。この仕事は間違いなく稼げる。お前も一緒にやらないか？」と誘います。

そして、トラックをもう一台準備して弟も加わります。弟も最初は修業です。私とは

▼再起への第一歩となる廃品回収業「くずやの斉藤」のトラック

別の先輩の下で一週間修業をさせていただきました。その先輩の元、弟もドンドン粗大ごみを回収して行きます。また、父の弟、私の叔父さんもリサイクルショップに入ります。急展開でした。そして、一般廃棄物収集運搬許可と古物商許可を取得して、父と叔父さん、私と弟の4人で独立することになります。

社名は「くずやの斉藤」です。齋藤が4人でしたし、「さいとう」の漢字は簡単にしました。やることは一緒です。お客さんから粗大ごみ処分代金をもらい、回収してきてそれを処分し、差額が利益になります。一般廃棄物収集運搬の許可も得たので、宇都宮市のゴミ処分場にも搬入ができるようになります。毎日何回も通います。そして、毎日が給料日です。すごく稼げるようになってきました。

少しでも早くサラ金の借金を返したかったので、その日の給料を皆で分配したら、その日にサラ金のAT

Mに行き支払をします。返済がどんどん進みます。なっちゃん名義のサラ金の会社の返済が一つ終わる度に「もう二度とサラ金からはお金を借りるもんか！」と思いながらカードにハサミを入れました。

「くずやの斉藤」は毎日が新規開拓の飛び込み営業です。その日に粗大ごみが出るかどうかは、やってみないと分りません。ギャンブルではありませんが、最悪ゼロも考えられるわけで、毎日、北に行くか南に行くかを本当に悩んでいました。

そんな時にあるお客さんから「ハウスパイプの鉄くずがあるのだけれど、お金は払えない。無料で引き取ってくれないか？」との問い合わせです。ハウスパイプの解体はリサイクルショップ初日に経験済みで、「くずやの斉藤」でも何回かやらせてもらいました。しかし、今回のような無料のケースは初めてでした。

そのお客さんは鉄くずが売れることを知っていたのです。その頃、鉄は１kgあたり15円で売れ、見た感じでは2トン近くはありました。「これを全部スクラップ問屋に持って行けば3万円にはなる。４人でやれば1時間くらいで積み込める」と考え、初めて鉄くずの無料回収をやったのです。実際に積み込み作業は1時間ちょっとで終わり、鉄くずを問屋に持って行くと3万５０００円、これは商売になると確信しました。

鉄くず回収に専念し運搬用トラックも4台に増える

「定期的に鉄くずが出るところは農家ではない」と考えながら環状線沿いをトラックで走っていると自動車板金工場が見えました。とりあえず飛び込みで営業してみると「丁度良かった。そこのボンネットとドアが邪魔だから持って行って！」となりました。また別の工場でも「そのペール缶に入っているブレーキパットとか鉄ホイールとか持って行って！」となり、帰り際に「また来てね」と言われたのです。

今まで、一般家庭では「また来てね」と言われたことは皆無です。確かにタンス、ベット、自転車などは定期的に廃品として出すものではありません。鉄くずを出してくれる板金工場などのお客さんはリピーターになってくれることに気づいたのです。それからは、鉄くずを出してもらえる新規顧客をどんどん増やして行くことができました。運搬用のトラックも2台から3台に、そして4台に増やしました。

そして、スクラップ問屋さんから良いことを教えてもらいます。「齋藤さん、トラックが増えたんだから安い鉄と高い鉄を別々のトラックに積んで持ってきた方が良いよ。今まではいろいろと混ざっていた鉄くずをトラックごとに分けて、別々に積めばハッキリと分かるし、こちらも助かる。齋藤さんにとってもそっちの方が損しないと思うよ」と。ありがたい話ですね。鉄くずにもいろいろと種類があるんです。自動車屋さんで出る鉄くずでも、ボンネットやドアなど衝撃に弱い薄い鉄は安く、ブレーキパッドや鉄チン（鉄ホイール）などの分厚い物は高く買ってくれるのです。

自動車板金屋、修理工場、中古車屋などから鉄くず集めをやっていると、アルミホイールが目につきます。多くのお客さんが「アルミホイールは使うから持って行かないでね」とか、「アルミホイールは買う業者があるからね」と言います。

ある時、何度も鉄くずを回収させてもらっている修理工場に行き、鉄くずをトラックに積み込んでいると、そこの社長が「齋藤さん、いっつも直ぐに回収に来てくれて仕事も早いから助かるよ。今日はそこにあるアルミホイールも持って行っていいよ」と言ってくれたのです。「ありがとうございます！　いただきます！」と17インチと18インチの傷だらけのアルミホイールを20本いただきました。

そして、鉄の問屋に行きます。鉄くずは1・2トンあり、その時は1キロ20円ですので2万4000円となりました。アルミホイールを下ろそうとすると、そこの工場長が「ウチでもアルミホイールも買い取れるけど、ウチの取引先の非鉄金属の会社に直接持って行ったらどうだい？　そっちのが高く買い取るよ」と教えてくれました。

紹介された会社にアルミホイールを持ち込み、重さを測ってもらうと200キロありました。1本10キロくらいだったんですね。お金を受け取ると何と3万円でした。アルミホイールはその当時1キロ150円だったのです。

「鉄くずは、あれだけ一生懸命トラックに積み込んでキロ20円。アルミホイールは積むのも簡単でキロ150円。アルミホイールってすげえ！」って感動しました。「鉄くずを2トン集めたとすると4万円だけど、アルミホイールを2トン集めたら30万円。アルミホイールを集めたほうが効率が良いのではないか」と考えます。パンチドランカーなりに考えるんですよね（笑）。

効率的で割りの良いアルミホイールの回収へ

でも、アルミホイールを無料で回収することはまず無理。調べてみると多くの業者が1本500円で買取りしていました。後進の自分たちが同じ価格で売ってもらおうとしても出るわけがありません。なのでインパクトを与えるために1本800円で買い取りを始めます。小さいアルミホイールばかりだと利益が出ませんが、大きいアルミホイールが出れば利益が出ます。鉄くずは無料、アルミホイールは1本800円でどんどん集まり始めます。借金の返済も進みます。

そして、また考えます。自動車修理工場や板金工場よりもアルミホイールが出るところは何処か。「そうか！　タイヤ屋だ。新品のアルミホイールを買った人たちが、古いアルミホイールを処分するために置いて行く。それを売ってもらおう！」と気づいたのです。

タイヤ屋を回り、「くずやの斉藤といいます！　スクラップのアルミホイールがあれば1本800円で買います。鉄くずは無料です」と言うと、「おっ！　若いのにくず屋さんやっているんだ！　1本800円？　高いねえ！　現金だったら出すよ！」と言われ、「もちろん現金です！」と答えます。すると「いいねえ！　鉄ちん（スチールホイール）はいくらで買うんだい？」と言われ、くず鉄よりは価格はキロ単価も高いんだよなと思い、「1本50円です」と言うと、「よし、じゃあ持ってきな！」となりました。そして、鉄ちん（スチールホイール）とアルミホイールで32本出してもらいました。

この時また気づきます。「ホイール集めは効率がいい！　積み込みもあっという間に終わるし、ボンネットの鉄くずやドアを積むのと違ってかさばらない。がむしゃらにやればいっぱい集まるぞ！」と。この時から、アルミホイールとスチールホイールを買って集めることを業務の中心としました。

しかし、土日は問屋さんが休みです。トラックが満載になった場合は降ろす場所がなくて仕事にならない。そんな困った状況をなっちゃんの父親に相談すると「私が住んでいる芳賀町の近くに安い置き場があるから交渉してみるよ」と話をつけてくれました。

交渉成立。その頃はまだまだ借金はありましたが、少しずつお金にゆとりが出てきたので200坪くらいの鉄の囲いがある土地を借りることができました。またも問題をクリアできました。ありがたい話です。こうやって私は親戚や家族に本当にお世話になって生きています。なっちゃんのご両親、更には御先祖様にも改めて感謝です。

自動車工場などから出るアルミホイールには、タイヤが着いたまま出てきます。そのまま問屋に持って行くと買い取り金額が下がってしまうので、そのタイヤを剥がす必要が出てきました。その時に思い出したのが、行きつけのガソリンスタンドでした。

そこには、都合の良いことになっちゃんの中学校の後輩でもあるO君が店長として働いていました。タイヤ交換が入ってない日に、1回2000円~3000円でタイヤを剥がす機械（チェンジャー）をレンタルさせてもらえることになりました。

10本のためにレンタル料を払うのは勿体ないので、100本溜まると皆で一気にタイヤを剥がしました。剥がしたタイヤは、宇都宮市内の中古タイヤ店の社長が良い物も悪い物も全部無料で引き取ってくれました。中にはまだ使えるタイヤもあれば、ワイヤーが出ている完全な廃タイヤもありました。

何度かタイヤを持って行くうちに、「何でもかんでも無料ではなく、買えるものと処分代がかかるものを別々にできませんか?」と交渉してみました。社長は「いいよ。でも、そんなに高く買えないよ」と言います。それでも、マイナスになることはなく毎回プラスになりました。少しずつですが売れるタイヤ、売れないタイヤを見分けられるようになってきます。

アルミホイールの販売
委託販売とヤフーオークションへの挑戦

綺麗なアルミホイールも関係なしにスクラップとして非鉄金属の業者さんに出していました。でも、4本揃っていて綺麗なアルミホイールを何とか売りたい。でも、まだまだ借金だらけだからエンドユーザー向けの店舗なんて出せない。

そこでタイヤを引き取ってくれている社長に「スクラップで売る価格より高くは買ってもらえませんか?」と伝えると、「うちは中古タイヤを買いにくるお客さんは多いけど、中古アルミホイールを買いにくるお客さんは少ない。だから、一般のお客さんからの買取りも斉藤さんが買っている金額よりかなり安く買っているし、無料で引き取ることもある。だから、アルミホイールの方は値段が合わなそうだから無理かな」と断られました。

確かにそうです。その当時アルミホイールを下取りしているタイヤショップはほとんどありませんでした。

でも、無い頭を振り絞って考えました。「中古アルミホイールを多く展示している店に預かってもらって展示し、売れたら売れた金額の15％を支払う。仕入金額がかからないから引き受けてくれるかもしれない」と考えたのです。

早速、中古ホイール販売に力を入れている会社の社長に交渉すると了解してもらえました。ここからアルミホイールの委託販売が始まります。この委託販売を引き受けてくれた会社の社長は、私の自宅が近いこともあり良く飲みに連れて行ってくれました。その方も昔ボクシングをやっていたのでいろいろと話が合いました。その方から、ホイールの洗い方や売れるホイールの種類などを教えてもらったのです。本当に感謝です。

委託販売で売れることは売れるのですが、なかなか回転率が上がりません。「自分たちで売りたい。でも、まだ借金はあるし店舗を出すことはできない。でも何か方法はないか」と考えます。探せば出てきますね。見つけました。

その頃はまだ新しかったヤフーオークションです。ホイールを綺麗に洗い、写真を撮っ

▼アップライジングの基盤となるアルミホイールのオークション販売

てヤフーオークションに出します。落札された場合、送料と商品代金をお客さんから振り込まれたのを確認して発送すれば損することはありません。落札された物に対してのシステム使用料金の支払いも翌月払いなのでお金のあまりない私たちでもできました。

ただ、オークションに出品した物を屋根のないタイヤ置き場に置いていては、落札されるまでに汚れてしまうので屋根のあるとこに保管しておく必要がありました。父や弟といろいろと相談した結果、実家に置くということになりました。

ガソリンスタンドのチェンジャーを借りてタイヤを剥がし、売れないアルミホイールはスクラップに出し、売れそうなアルミホイールは実家に持って来て、水道で洗って写真を撮って保管。その写真データを実家から500メートルの自宅アパートに行ってヤフーオクションに出品をするという仕事の流れができました。

そんな折にヤフーオークションの質問欄から問い合せがありました。「出品中の商品の現物を見たいんですけど行っても良いですか？」とのことです。もちろんOKです。その方は私の実家に友達と一緒に来ました。冷蔵庫の隣に積んであったアルミホイールをまじまじと見て、「写真撮っても良いですか？これって何処から仕入れたんですか？」と言います。私は「写真撮って良いですよ。それと、買取り先は○○さんというくず屋さんですね」と伝えました。その方は「そうなんですね～」と言って帰って行きました。

その30分後です。「東警察署です。盗難品の疑いがあるので確認させて欲しい」とのことでした。「なるほど！そういうことだったんだ！」と直感しました。

私たちは盗難品をつかまされていたのです。幸いなことに私は、その商品を「どこで、いつ、誰から、いくらで買ったか」を全部ノートにつけていました。まずは、その商品を盗まれた本人に返し、警察に協力して犯人逮捕に全面的に協力しました。

この事件をキッカケにしっかりとした「買取証明書」を作ります。そして、買い取った相手に住所と電話番号を書いてもらうようになります。自分たちを守るためにも、とても重要なことです。

このような盗難品をつかまされたことは、この後も何度かあります。店頭での現行犯逮捕劇もありました。現在のアップライジングも警察と協力していますので、盗難品を持ち込んだ場合はすぐに捕まってしまいます。タイヤ泥棒はすぐに足がつきます。少しでもお考えの方がいましたら止めておきましょう（笑）。

初めて社員を雇用 多くを学びながら成長を期する

私たちはどんどん仕事を取りに行っていましたので、やることがどんどん増えてきます。そして、人を雇うようになります。最初は牛丼屋時代の同僚のTでした。その後、健康食品時代の女性の友達、牛丼屋の先輩からの紹介で定時制高校に通う3人が入ります。私たちが集めてきたアルミホイールを洗ったり、写真を撮ったり、発送のための梱包をしたり毎日とてもやることが増えていきます。

その当時、私と父と弟がトラックしか持ってないのにスタッフは高級車で出勤してました。M君もセドリックに乗っていました（笑）。牛丼屋の先輩の紹介で入ったのですが、定時制高校に通いながらの出勤で遅刻ばかりです。入った当初は、「何でこんなにも遅刻するんだろう？」と思うくらいの遅刻の常習犯でした。でも、とても仕事ができました。タイヤを剥がすのも早い。アルミホイールを洗うのも早い。オークションで売れたセット品を梱包するのも早い。非常に優秀なスタッフです。

また、そのM君にはこんなエピソードもありました。「本日は午後から成人式なので午前中であがって良いですか？」と。私は「まじか！成人式の日も仕事するんだ！もちろんOK！」と答えました。そんな彼はそれから16年間働き続けています。今では「くず屋の斉藤」から「アップライジング」の現在までを全て語れる最高のスタッフの一人となっています。

アルミホイールの回収も頭を使いながら集めるようになってきます。「このアルミホイールは何というブランドだろう？」「人気があるのか、無いのか？」「このサイズは何の車種に合うのだろうか？」「すぐに売れるだろうか？」などです。

スクラップアルミホイールを1本800円で買い取って、非鉄金属の問屋に持って行くと1本あたり500円の利益。でも、人気のアルミホイールならば4本で6000円で買っても1万円以上で売れるので最低でも4千円の利益。スクラップアルミホイールの利益と比べると2倍。洗ったり写真を撮ることをしても、これはやった方が良いと考えました。

そして、私と弟は利益率を上げるために真剣に学び始めます。それも自分たちの借金返済のためです。国内の純正メーカーのホイール、それ以外の有名ブランドのホイール。ホイールのリム幅、穴の数、穴と穴の間隔などなど。知識がなければ適正価格で買い取れないのです。

そして、また考えます。「アルミホイールを落札したお客さんは、タイヤをどこかで買って自動車につけて使う。だったらアルミホイールだけでなくタイヤ付きで売ろう！」と。それからは、アルミホイールだけでなくタイヤも集めて、アルミホイールに組み込んでオークションに出すことになります。タイヤに関する知識も必要となり、私と弟は必死にタイヤの専門知識を学びます。

Part V

アップライジング誕生

父と弟との確執
学びを繰り返して成長

2006年4月18日
アップライジングを設立

アルミホイールとタイヤのオークション販売を始めてから、実家の様子は様変わりします。今まで食事していたリビング、食事を作っていたキッチン、風呂の脱衣場もタイヤとアルミホイールだらけとなります。父が寝るスペースの一歩手前までタイヤとアルミホイールで溢れました。これが父のイライラの原因となり仕事をしなくなります。

ある日、父に意見をしに部屋に行きます。「お父さん。仕事してくれよ。仕事に出てこないで給料貰おうなんて駄目だよ」と。父は「好き勝手にタイヤとかをおきやがって！　これ見てみろよ！　タイヤが邪魔でテレビも見られないし、洗濯機までたどりつかねえぞ！　出ていけ！　俺は前にやっていた粗大ごみ回収に戻る！」と怒鳴ります。私も「ああ！　分かった。じゃあ出ていくよ！　別々にやろうぜ！」と言い返してしまいました。

本当は父とは仲良くしたいのに、感情に任せて物事を判断するとこうなりますね。今から思えば、とても後悔する出来事の一つです。こうして父とは別々に仕事をするようになります。弟の信行も「父ちゃんはやり甲斐がないから楽しくないんだろうね。俺は、借金減らしたいから兄ちゃんについていくよ」と納得してくれました。

▼アップライジングの最初の事務所兼店舗・倉庫

そして、「インターネットでの売上も上がってきたから、個人事業主よりも会社にした方がいい」となっちゃんからの提案を受けて、法人化することを決めました。会社名は弟となっちゃんに相談して、大好きなラップグループの曲名「ＵＰＲＩＳＩＮＧ（アップライジング）」から取り、「アップライジング」としました。ＵＰしてＲＩＳＩＮＧする＝上に昇り続けるって意味だから気に入りました。但し、「ＵＰＲＩＳＩＮＧ」のそのままの意味は「反逆　暴動　反乱」となるので、「ＵＰ」と「ＲＩＳＩＮＧ」を離して「ＵＰ　ＲＩＳＩＮＧ」にしました。

新しい事務所兼店舗兼倉庫は実家の近くの平出工業団地に良い物件が見つかります。1階25坪2階25坪の物件です。一カ月の家賃が16万円でした。ここを拠点として２００６年４月18日有限会社アップライジングを設立しました。

いよいよ新生アップライジングの活動開始です！　父は名前だけの社長、実質的には私と弟が立ち上げた会社です。自分が社長という気持ちでした。

法人になったと言っても、やることは同じです。店舗と同時にタイヤチェンジャーとバランサーも購入し、タイヤ剥がしも新しい事務所で始めます。まだまだ借金もあります。少しずつですが更に効率を考えなければなりません。

そして、店舗兼倉庫にはどんどんオークションに出品する物が増えていきます。あっと言う間に、1階も2階も一杯になります。大家さんに相談したところ、隣の新聞屋さんの2階が空いているとのこと。アップライジング設立後一カ月での店舗拡大です。

弟・信行との確執　別会社で弟がライバルとなる

その頃、来店してくれるお客さんの車に、アルミホイールやタイヤを取り付けられるサービス（脱着作業）があれば売上も伸びるし、お客さんにも喜んでもらえる。そしてオークション以外の店舗販売もしたいと思っていました。

その相談を弟の信行に伝えます。すると弟は「そんなの無理だよ。スクラップとオークションで短期間で在庫を回すからやって行けている。長期在庫も嫌だし、そんな自動車屋やタイヤ屋みたいことなんてできるわけない。在庫持つようになったら、また健康食品時代みたいにお金が回らなくなって借金が増えるよ！　無理無理！　もう兄ちゃんにはついていけない！」とすごい剣幕で怒ります。私の考えと弟の考えは全く違ったのです。これをキッカケに弟は袂を分ち、アップライジングを出ていくことになります。

そして、「イーストライジング」という社名で栃木市で同じ業務を始めます。喧嘩別れしたにもかかわらず、のれん分け的な会社名、完全に舐めています。その頃、アルミホイール回収からのオークション販売とスクラップで売上を上げている会社は栃木県内にはなかったので、県内初のライバル業者が弟の会社ということになってしまいました。

後日、弟の結婚式がありました。参加するつもりはなかったのですが、「実の弟の結婚式に出なくてはダメ！」となっちゃんに諭され出席します。しかし、怒りが治まらず、ビールをガンガン飲み、普通は皆が感動する昔の写真や映像などが上映されるたびに私はこう叫びました。「何だこれ！　ふざけやがって！」「信行は敵だからな。敵だよ敵！」と。当日に録画したビデオにもしっかりとその声が入っています。あまりにも酷すぎるので、なっちゃんに首根っこを掴まれて外に追い出され自宅に連れ戻されました。本当に酷かったです。当時は、それほど弟の裏切りが許せなかったのです。

あの結婚式に参加した人は史上最低の齋藤幸一を見ることができたと思います（笑）。

経営研修で多くを学び会社経営の基礎を整えていく

弟が離れ、父ともあまり良い関係ではない状態の中、これまでの自分のやり方を見直す時期が来ます。これまでは行き当たりばったりで、とにかくお金になること、利益が高い方を選んできました。そして、父や弟とも喧嘩別れをしてしまいました。

「何かが違う。もっと会社経営のことを勉強した方が良いかもしれない」と思うようになります。何かないかな？と探している時に、取引先の社員さんから「2週間の泊まり込みで経営者や管理者に必要なものがすべて身につくセミナーがあります。そこに参加すると皆がガラッと変わって帰って来ます」と教えてくれました。

仕事が忙しくて、とても2週間のコースは無理なので社長専用の2泊3日コースに参加しました。2週間分の内容をギュッと短縮したコースです。人生で初めての経営の勉強です。とてもワクワクしながら向かいました。

そこは想像していたものとは全く違いました。大声で発声練習をしたり、仕事をするための基本の考え方を10個、丸暗記して発表したりします。そして、「夜に10キロ歩きますからね」と伝えられます。最初は「何だこれ？ 来るところを間違えた！」と思いました。しかし、セミナーが進むうちに腑に落ちるようになってきます。

『名刺を頂いた方には礼状を書くようにしよう！ 全世界で70億人いる人間の中で、人と人とが出会う確率は奇跡的なこと。更に名刺交換するなんて本当に奇跡です。その奇跡に対して感謝することが重要ですよ』と教わります。「なるほど！」と感心します。

『出会いと御縁に感謝』と言う言葉も講師から教わります。「なっちゃんと出会ったことも奇跡。前世からの何がしかの縁。尊い御縁があったのかな」と思いながら研修が進みます。

『江戸しぐさ』についても教わります。

狭い所で武士同士がすれ違う時、相手が通りやすいように半身になったこと。草履を脱いだらキチンと揃えて上がること。宿に泊まる時も歯を磨く道具や髭を剃る道具、手ぬぐいを宿から提供されたとしても自前の物を使っていたこと。また、布団やお風呂を使ったらできるだけ原形に戻して綺麗にして返すこと。泊まらせてもらえることに感謝し文字に残して帰ること。これらが『江戸しぐさ』です。

それまでの私はホテルに泊まったら当然アメニティを使い、更に当たり前のように使っていない歯ブラシなどを持ち帰っていました。しかし、この研修以降は、ホテルに泊まる時には歯ブラシ、歯磨き粉、髭剃り、シャンプーリンス、石鹸、バスタオルなどは自前で持って行くようになります。それまでは「お金を払っている方が偉い」と思っていました。この研修で「謙虚さ」を学ぶことができました。

「朝礼をやらないより、朝礼を取り入れた方がよくなる」ということも学び、会社でも朝礼を始めるようになります。今までは、朝礼をせず、ふんわりとした雰囲気で一日の営業が始まりましたが、朝礼を取り入れることで仕事への取り組みにメリハリが出るようになってきました。その場にいたスタッフは「社長、帰って来ておかしくなっちゃった？」と思ったことでしょう（笑）。そのくらい豹変して帰って来ました。

この研修で最後の最後に「やるぞ！ やるぞ！ やるぞ！」と3回大声で吠えます。これも朝礼に取り入れます。今では、当社のラジオコマーシャルやラジオ番組でもお馴染みですね。

そして、なっちゃんにも同じ体験をして欲しくてこの研修に参加してもらいました。夜中に10キロ歩くという体育会系的な部分も彼女は見事にクリアします。同じ研修を受けて、経営の方向性や考え方がこれまで以上に合ってきたのも研修の成果でした。

一期目の売上は1億5000万円
事業拡大のため店舗移転

アップライジング設立後の初めての正月明けからは、更に仕事が増えていきます。25坪の倉庫兼店舗がどんどん手狭になっていきます。大きな店舗が必要と考えていた時に、規模的には最適な物件が見つかります。倉庫の敷居面積250坪、屋根の下が150坪、倉庫の後ろに300坪の空き地がある物件です。

但し、幹線道路ではなく裏通りに面しており、周囲は農地という環境です。インターネットオークションとアルミホールのスクラップだけなら良いのですが、一般のお客さんを呼び込むには非常に分かりにくい場所です。そこで社名や連絡先などを大きく書いた「野立て看板」を設置することにして移転を決意しました。

そしてアップライジングとして初めての決算です。一期目の売上は1億5000万円を越えました。そして、決算後の移転と同時に、代表を父から私にして、なっちゃんを役員として入れ、父と弟を役員から外しました。父は「斎藤商店」として弟は「イーストライジング」として、それぞれの道を歩くことになりました。

移転前の店舗ではタイヤチェンジャーもバランサーも屋外でした。しかし、移転後の店

▼事業の拡大に伴い、屋根付きの作業場のある大きな店舗へ移転

舗には屋根があります。これは最高でした。雨が降っても濡れないことが嬉しくて興奮しました。チェンジャーやバランサーも増設してスクラップホイールのタイヤ剥がしも効率よくできるようになっていきます。

この頃から、金属スクラップとしてのアルミホイールの価格や鉄の価格はドンドン上がっていきます。そして、オークションとスクラップの売上の割合の方が圧倒的に多かったものの、タイヤを交換する一般のお客さんも少しずつ増えてきます。

その頃は、持ち込みでのタイヤ交換（脱着や組み込みやバランス調整）作業ができる所は、ガソリンスタンドがほとんど

で、大手カー用品や新品タイヤ専門店では行っていませんでした。そこで持ち込みタイヤで交換を希望するお客さんが増えてきます。そのお客さんが中古ホイールを見て、「これ安い。冬用のホイールは中古でいいね！」ということで中古ホイールを買うのです。また、いわゆる「走り屋」のお客さんも多くいました。サーキットでドリフトをやる方は、1本新品タイヤを買える金額で中古の安いタイヤを4本買うような方が多かったです。

そんな時に、現在のアップライジングの店長となるN石が面接に来ます。カーディーラーで働いていたので自動車の二級整備士の免許も持っています。それもすごいと思ったのですが一番驚いたのは、面接にスーツを着てきたことでした。そんな人は今までいなかったので本当に驚きました。

私は「スーツを着て面接に来た」ということだけで採用を決めます（笑）。

売上が2億円を超える まだまだ未成熟なアップライジング

その頃のアップライジングの社内の雰囲気は惨憺たる状況でした。

アルミホイールを買取りしてきた本数をごまかして現金を横領する者。出勤していないのに出勤したと書いて給料を横領する者。そんなスタッフを怒鳴りつける私。警察沙汰になったこともありました。

元暴走族で走り屋のスタッフがいました。「タイヤ交換のジャッキをかける位置を間違わない」「どのアルミホイールにどういったタイヤサイズをつければ高く売れるかを良く知っている」「親分肌なのでリーダーシップもある」そんな理由でそのスタッフを店長にしてしまいました。そして店長になると部下を好き嫌いで判断し、威圧的な態度で指示を出すようになります。そんな店長を嫌いなスタッフも多く、社員がドンドン辞めて行きます。最終的にはその店長を辞めさせることになるのですが、自分の人を見る目のなさを深く反省しました。

こんなこともありました。一度も会ったこともない男がいきなり訪ねて来て「齋藤さん、後ろの土地にタイヤ置いているけど大丈夫なの？　農地にはタイヤを置いちゃダメなの知っている？　俺が行政に話をつけて何とかしてあげるよ。いくら出せる？」と言ってきました。詐欺師です。後日、大家さんに確認するとタイヤを置いている場所は「農地ではなく農地転換して雑種地になっているから大丈夫」とのこと。

「社員が悪いことをする」「詐欺師が近寄って来る」のも自業自得なんですよね。自分の出している物が悪いから、悪い物が入ってくる。自分が良い物を出していれば、良い物が入ってくるのです。

感情的になることも非常に多かったです。何もない時には「江戸しぐさ」を心掛けて謙虚な気持ちで冷静に判断できるのですが、感情的になると謙虚の気持ちがどこかに飛んで行ってしまいます。今、思い出すと、その頃の私はまだまだポンコツ野郎でした（笑）。

社内ではいろいろなゴタゴタがありましたが、それでもアップライジングの二期目の売上は2億を越えました。北京オリンピックが近づき、非鉄金属のスクラップ価格が高騰したのが好要因となりました。ものすごく儲かったとは言えませんが、安定して利益を確保できるようになりました。

ついに借金がゼロになる 慎ましい初めての贅沢

この頃に、サラ金からの借金も不動産担保ローンを肩代わりしてくれた叔母さんへ借金もやっと返し終わります。そんな時に、取引先の中古タイヤの社長から中古のセルシオを20万円で売ってくれると言う話がありました。借金返済まで一生懸命頑張ってきたから自分への御褒美として最初のプレゼントとして買うことにしました。

本当に借金返済までは何にも買っていませんでした。「くずやの斉藤」からこの頃まで洋服を買った記憶が全くありません。洋服を買ったとしても着て行く場所もありませんでしたので（笑）。

そして、初めての贅沢もしました。それはお寿司屋さんに行くことでした。健康食品時代のかなり上の上司にパワフルな女性の方がいました。その人が宇都宮のセミナーに来た時に「今日はセミナーが全部終わったら、喜代鮨という寿司屋さんに行く。築地の寿司屋より旨い。特に大トロは日本一だね！」と言っていたのをずっと覚えていました。借金を返し終わったら絶対にその寿司屋に行くと決めていました。そして、なっちゃんと2人で行きます。

その寿司屋（喜代鮨）に入り、目についたのは「お任せコース 3000円 4000円 5000円」の価格表でした。多分一人前の金額なのでしょうが、「2人で6000円はいくらなんでも贅沢過ぎる」と思い親方に相談します。「親方すみません。3000円のお任せコースを2人で食べても良いですか？」と聞くと、「お客さん、面白いねえ！ そんな注文は初めてだ！ それでいいよ！」と笑いながら言ってくれました。「怒られるのかな？」と思っていた私は本当に安心しました。そこで出てきた、あん肝、白子ポン酢、大トロの刺身は本当に美味しいネタばかりでした。

江戸っ子ちゃきちゃきの喜代鮨の親方は作新学院陸上部出身の長距離選手で、良く知っているボクシング部の大先輩と同級生ということも分かり仲良くなります。今でも御祝い事や大切なイベントがある時には必ず使わせてもらっています。

そしてこの時、自分が中学校時代に陸上をやっていたのを思い出します。「人生において成功は約束されていない。しかし、成長は約束されている」という教えを思い出し、「借金は返し終わったけど、自分は成長しているのかな？　友達は誰もいないし、父と弟ともずっと喧嘩している。何にも変わっていないな…」と悲しく思いました。

お寿司屋を出て、なっちゃんは「美味しかったね！　でも次に来る時は一人で一人前を食べられるようになると良いね！」と言ってくれました。私は「もっとアイディアを出して、もっと成長しよう！　そして会社を大きく成長させよう！」と新たな決意をします。

自分を許し、他人を許す 自分も、そして父と弟も許す

健康食品時代のかなり上の上司にＭＵさんと言う方がいました。健康食品を辞めた後もずっと連絡をくれていて、経営に関するアドバイスもしてくれた方です。今回、借金がな

くなり自家用車も買えたので、家族旅行も兼ねて熱海までＭＵさんに会いに行くことにしました。

高速道路でＭＵさんの家に向かいます。娘と一緒に長い時間いることはありませんでしたのでとても楽しいドライブとなりました。

ＭＵさんの家は窓からは熱海の海と山が見渡すことができる豪邸です。応接間でワインを進められるうちに完全にベロンベロンになります。そして、私はＭＵさんにこの数年間の辛かったことを話し始めます。それは父の悪口、弟への恨み…、私の口からは、愚痴、不平不満、人の悪口ばかりが溢れ出ます。

でもＭＵさんはニコニコしながらずっと聞いていてくれます。そして、「齋藤君、面白いこと言うよね～。でも、齋藤君だから良いこと教えてあげるね。久しぶりに会って楽しい時間にしようと思っているのに、さっきからずっと人の悪口ばっかりだよね。僕はね、そういうのあんまり楽しくないんだよね。何か、もっとワクワクするような話をしないかい？」と言われました。

私はこの時にハンマーでガツーンと叩かれた気分になりました。ＭＵさんは、誰が見ても成功者であり、お金持ちです。なのにいつも謙虚で人の悪口を決して言いません。それに比べて今の自分は全然ダメだ。人を責め、罵詈雑言を言い放つ…。ＭＵさんのように謙

▼家族の原点に戻り、父と弟、そして自分を許すことを決意（幼い頃の家族写真）

虚で多くの人から感謝されるような人間になりたいと強く思うようになりました。そして、MUさんから実業家であり、人の生き方の教訓を語る斎藤一人さんの『自分を許し、他人を許す』という言葉の意味を教わります。

この旅行をキッカケに私は、「父と弟を許そう」と思います。父と弟は、私のことを許してくれないかもしれないが、私は許そうと決めます。そして、ふと親子喧嘩や兄弟喧嘩を一番悲しんでいるのは母かも知れないと思いました。そして「自分を許す」ことも大切だと言うことに気づきます。過去にやってしまったことに対して、いつまでも、くよくよと後悔していても仕方がない。その後悔も許そうと自分に言い聞かせます。

こんな言葉にも出会います。元京都大学総

長の平澤興さんの『人の悪口しか言えない人は、もう成長能力のない人である。人の短所しか見えない人は、もう成長の止まった人である』という言葉。そして、田坂広志さんの『人生において成功は約束されていない。しかし、成長は約束されている』の言葉。これらの教訓をしみじみと噛み締めることができるようになります。

この頃から、自分の人生もアップライジングも「成長」が全てのキーワードになって行きます。そして、この時から人の悪口、愚痴、不平不満、文句、泣き言を絶対に言わないと心に決めます。そして、その思いを込めて「アップライジングの社訓」を定めました。

《アップライジング社訓》

- 常に謙虚で人に感謝し、人から感謝される人間であれ
- 自分を許し、他人を許せる人間であれ
- 現状に甘えず、一生学び続ける人間であれ

PartⅥ

事業の拡大
父と弟との和解

新規事業の展開
プロスポーツのスポンサーとなる

アルミホイール修理、中古タイヤの輸出新しい事業への参入

18インチや19インチのアルミホイールは傷だらけのままでオークションに出すのではなく、傷を綺麗に直して出品すれば更に高く売れると考え、ホイール修理業者を探すことになりました。なっちゃんの父親の紹介で茨城県の業者を見つけ、綺麗に修理したアルミホイールの販売が始まりました。修理代金は4本で6万円、これを払っても十分に元が取れます。一ヶ月の修理代金の総額が100万円を超えた時、「こんなにかかるならホイール修理の機械を買って、自分のところで修理した方が良くないか」と気がつきます。

早速、アルミホイール修理の機械を購入しますが、使い方が分からない。ホイール修理の仕事に適している人を見つけなければなりません。

そんな時に、カー用販売品専門店で副店長まで務めたA君を採用することができました。A君はくず屋の斉藤時代にタイヤ剥がしをさせてくれたO君（なっちゃんの中学校の後輩）の義理の兄でもありました。

しかし、A君にもアルミホイール修理の経験はありません。そこで埼玉県内でアルミホイールの修理をやっている会社に2週間の泊まり込みで研修に行ってもらうことにします。

ホイール修理には特別な技術が必要です。「曲がっているホイールの直し方」「ひび割れを直すためのアルゴン溶接の仕方」「ガリキズを磨く方法」「塗装を落とす方法」「塗装する方法」「クリアコーティングの仕方」などです。

2週間の研修を終えてホイール修理の基本的な技術を身につけたA君は、アルミホイール修理の機械で練習を重ね、自社の修理工場内で中古アルミホイールを綺麗に直せるようになります。そして、お客さんからのホイール修理の依頼にも、しっかりと応えることができるようになりました。

この頃に、輸出用のタイヤを買いに来る外国人も増えてきました。日本では車検が通らないタイヤでも、車検制度のない国では日本製の中古タイヤは品質が良く非常に喜ばれるのです。多くの国からバイヤーが来ました。日本国内で売れない廃タイヤさえも、どんどん売れるのです。

▼中古アルミホイールを修理して綺麗にする技術

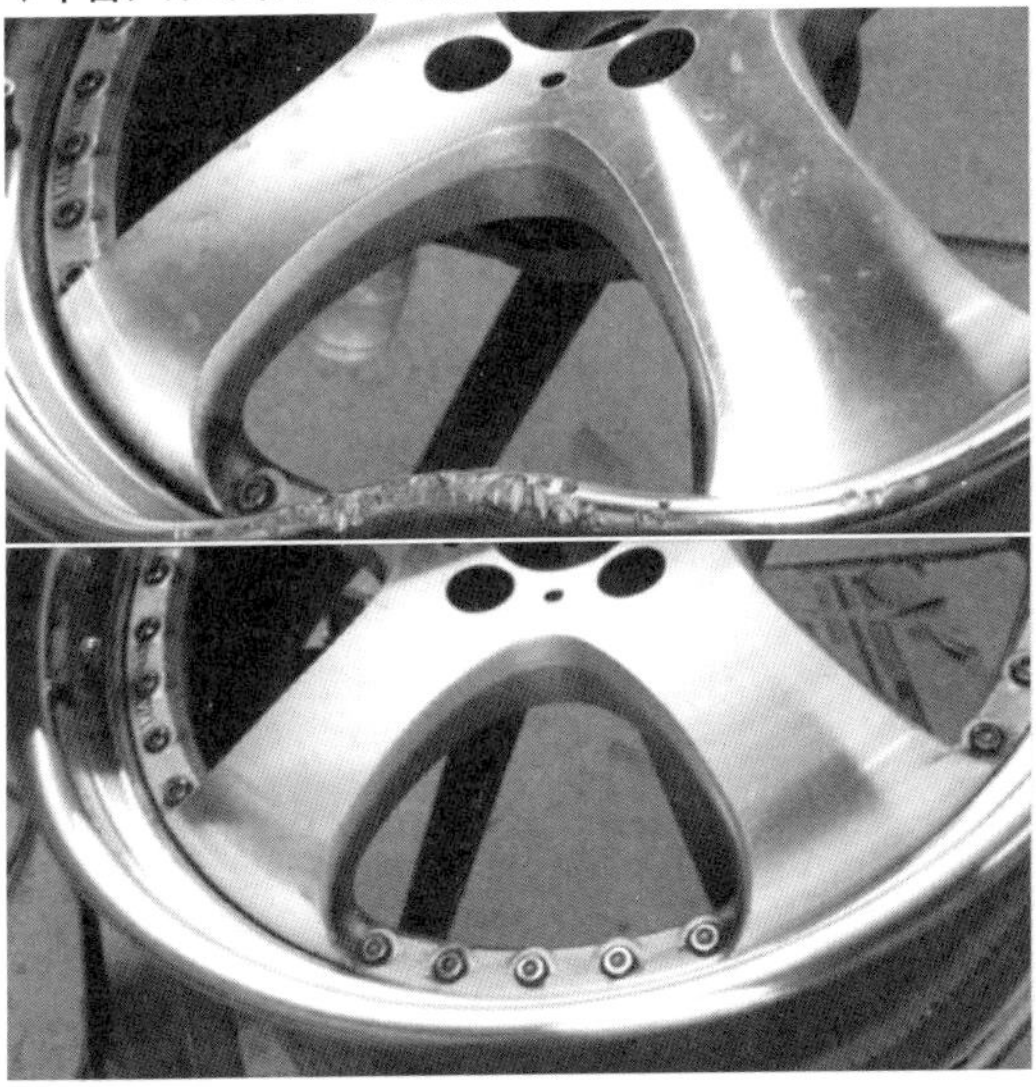

ドミニカのバイヤーにタイヤを売った時のことです。半分の5000ドルを前払いで、残りの半分は現地にタイヤが到着してから送金するとのことでした。しかし、現地ドミニカに到着してもなかなか振り込みがありません。何度も催促のメールをしますが振り込まれません。こちらもストレスが溜まります。結局、振り込みは半年後となりました。この経験から、その後は海外へのタイヤの販売は「全額前金」という契約としました。

アルミ価格の値下がりとリーマンショックによる海外販売の大幅減少

北京オリンピックに向けて中国内では建設する建物のために使用する鉄、非鉄金属が足らず世界中から集めていました。その影響で鉄の価格、アルミの価格はドンドン上がります。その辺にある水道の蛇口やマンホールの蓋が盗まれたり、エアコンの室外機が盗まれたりするほどでした。

アルミホイールを買い取る金額も1本800円から1本1500円で買うようになってきます。日本の経済もすごく良くなってきていたので「またバブルが来るのか？」と期待する声があがる頃でした。しかし、鉄、非鉄金属を扱う人たちには、忘れられない出来事が起きます。「北京オリンピックバブル崩壊」です。世界中から鉄や非鉄金属を集めていた中国で鉄や非鉄金属が過剰に余り、日本から鉄、非鉄金属を輸入しなくなったのです。そして、鉄、アルミの取引金額が下がり始めます。

その頃のアップライジングは既に無借金経営でしたが、スクラップのアルミホイールや鉄を現金化していました。アルミの取引金額が1キロあたり10円下がった時、大きな損害を防ぐために、全ての在庫のアルミホイールのタイヤを社員全員で剥がして、売り払うということもしなければなりませんでした。そして、アルミホイールの買取金額も1500円から徐々に下げていくことになります。

そして、鉄、非鉄金属業界だけでなく世界中をパニックにする出来事が起ります。2008年の「リーマンショック」です。「株をたくさん持っている人だけが損をするだけで、自分たちのような貧乏人は関係ない」と正直思っていました。しかし、ここから急激な円高が始まります。

円高により1ドル120円が1ドル80円になり、輸出用のタイヤ販売がまったく動かなくなります。これまで1コンテナ分の中古タイヤが120万円で売れていたのが、80万円にしかなりません。在庫を多く持っていた会社ほど苦しみました。そして、あれほど多かった外国人バイヤーもほどんどいなくなりました。

北京五輪後のアルミ価格の値下がり、リーマンショックで中古タイヤの海外販売が減少するという状況でも、アップライジングは本業の回収、修理、販売の全体量を増やすことにより、事業を縮小することなく乗り切ることができました。

プロスポーツチームのスポンサーとなり地元で知名度を上げていく

その頃、娘が小学校でミニバスケットを始めました。当初は「籠に球を入れて何が面白いんだ」ぐらいにバスケットのことを舐めていました。しかし、娘の試合を見に行くと面白くて面白くて、一気にバスケファンとなりました。そして、娘の希望もあり地元栃木のプロバスケットチームの育成選手が教えてくれるスクールに娘が参加します。

そこで教えている選手たちのほとんどが「今に見てろよ俺だって！　絶対にトップチームに這い上がってやる！」というハングリー精神を持っている選手たちでした。私は「自分に似ている。こういう人たちを応援したい！」と思うようになります。

そして、この二部リーグのチームのスポンサーになります。一部リーグの選手となると良い給料をもらえていましたが、二部リーグの選手たちはスクールコーチとしての給料ぐらいです。このスクールコーチ兼二部リーグの選手を何度も食事に連れて行きます。焼肉が多かったですね。自分が焼き肉を食べたいと言うよりも「この選手たちを応援したい」と言う気持ちが強かったのです。

なかには無給選手もいました。そういう人たちを何人もアップライジングはアルバイトで受け入れました。その中に細谷将司選手がいます。細谷選手は下部育成チームに無給選手登録で入り、アップライジングには毎日のように働きに来ていました。働きながら徐々に力をつけて、試合に出て活躍し、一部チームに入り、今では日本代表候補にも入るまでになります。「アップしてライジングする」という意味のある社名のように上昇し続ける細谷選手を社員みんなで応援します。そして、社員みんなで会社の名前入りジャンパーを着てプロバスケの試合を見に行ったりすることで、少しずつですがアップライジングの知名度も上がっていくのを感じました。

バスケットもそうですが、地元のプロチームを地元の企業が応援する取り組みはとても大切ですね。その後、アップライジングはアイスホッケー、サイクルロードレース、サッカー、トライアスロンのチームなどを応援していきます。

また、バスケットチームの後援会にも入会します。後援会の参加者は会社の社長さんが多かったです。この後援会に参加することで久しぶりに取引先以外の方々と名刺交換をします。

その頃の私は健康食品販売で友達がほぼ全員いなくなったので、電話が鳴るのはアルミホイールやタイヤの回収依頼だけでした（笑）。しかし、この頃から「先日の後援会の懇親会であった○○です。礼状届きました。ありがとうございました」の電話が増えるようになりました。取引先以外から電話がかかってくるのは何年ぶりだろう！　と嬉しく思ったことを今でも覚えています。

また、応援しているスポーツチームの勝ち負けに一喜一憂するのも楽しみの一つとなりました。地域の人たちと一緒になって応援することで郷土愛が生まれ、地域の人たちとの会話も増えました。それだけでも地元企業が地元のスポーツチームのスポンサーをやる意味はあると感じます。そして、チームファンの間での「どうせ買うなら応援しているチームのスポンサー企業から買おう！」となり、アップライジングに来てくれるお客さんが増えました。自動車にプロスポーツチームのステッカーが貼ってあるのを見るとすごく嬉しくなります。

この時期に、社訓に続き経営理念を作ります。

社訓は「アップライジングで働く人間は、こういう心持でいましょう」との内容で、経営理念は「アップライジングは、こういうこと目指していきます」と言う意味があります。

《アップライジング経営理念》

・私たちは中古タイヤ・ホイールの提供や修理サービスを通し限りある資源を効率よく再利用し全世界のお客様の永続的な繁栄と環境問題に貢献します
・私たちはCSRを重視した事業活動をとおして社会の進歩・発展に貢献します
・私たちは全社員と当社に関わる全ての人達の物心両面の幸福を追求します

簡単にかみ砕くと、1番目と2番目は地球の幸せのためであり、3番目はアップライジング関係者の幸せのための内容です。

父が倒れ入院 そして父と弟との和解

「幸一！ もっちゃんが倒れて苦しんでいるんだよ！ 早く来てくれ！」と突然、祖母からの電話が入ります。父とは随分と会っておらず一大事だと思い実家に飛んで行きます。すると、父が「息ができない！」と苦しんでいました。その様子に異変を感じ、救急車を呼び、緊急病院に父を運びました。

病院には弟の信行も呼びます。あの結婚式以来の再会です。そして叔父と叔母、親族も呼びました。病院の先生の診断は「気胸」、入院して様子を見ることになります。

そして翌日、病院から電話が入ります。「齋藤元助さんの病気の件でお話がありますので近親者の方を集めてもらいたいのですが…」と言われました。「何だ？」と思いながらも弟と叔父を連れて病院に行きます。先生から「昨日の血液検査の結果で、お父様は血液のがんの可能性が非常に高い」と言われました。私が「白血病ですか？」と聞くと、「多発性骨髄腫という病気です」と伝えられます。この日から、父の闘病生活が始まります。

一日中、誰かが父の面倒を見る必要が出てきました。私と弟が交代で面倒を見ます。ずっと喧嘩をしていた弟だったので最初はギクシャクしました。でも、だんだんと馴染んできました。やはり兄弟なのですね。

看病の合間に、弟とは仕事の話もできるようになりました。

「信行。ところでイーストライジングどうなんだい？ 上手く行っているのかい？」と聞くと、「北京オリンピックが終わってアルミ価格はずっと下がりっ放しで、リーマンショックでオークションも動きが悪いし、兄ちゃんところを辞めて入ったTにも裏切られちゃってさ」と元気がありません。

私は「そうなんだ。どうする？ アップライジングに戻って来るかい？」と聞くと、「そうしたい。でも、いろいろと片付けなくちゃいけないことあってが直ぐには戻れない。でも先にM子をアップライジングで雇ってもらえないだろうか」と言います。M子は弟がイーストライジングを立ち上げる時に一緒に出て行ったアップライジングの元社員です。

そしてM子がアップライジングに戻ってきます。出戻りがOKなのもアップライジングの良いところです。このこともあり、弟との仲も少しずつ雪解けが始まります。

父も意識がはっきりしてきたので自宅療養になります。

そして、私は父親がまだ意識がある時に「本当に今までごめんなさい。自分が間違っていました。大切な命の元でもあるお父さんを非難したり、侮辱したり、突っ張ったり。本当に申しわけありませんでした。ごめんなさい…」とたくさん謝りました。

父は「幸一、大したもんだよ。随分成長したんじゃないか？ 良かったよ」と言ってくれました。キックボクシング東洋ウェルター級チャンピオン齋藤元助は本当に偉大な父でした。父は一時的に良くなりますが暑い夏の日が続くなか、体調を崩し栃木県立がんセンターに入院。平成22年11月9日に亡くなります。

父は生前こんなことを言っていました。「幸一な。俺にもしものことがあったら、保険金で姉さんへの借金は全部払えるようになっているからそれで清算してくれ」と。そして、父の死後、保険金を受け取りに行くと父が言っていた金額よりも100万円少ないのです。私は「あれ？ 少なくないですか？ 父は生前400万円以上にはなると言っていました」と伝えると、保険会社は「それは多分60歳までに亡くなった時の金額です。お父様は61歳で亡くなられたので金額が変わっているのです」と説明されました。

叔母さんへの借金の支払いが足りません。私が代わりに払いました。でも、その時なぜか笑ってしまいました。父は最後の最後までおっちょこちょいなんだなあと。この時、許すと言う気持ちが自分自身にない状態だったら「なんだよ！ 父ちゃん！ 足らねえじゃねえか！」と言う怒りの感情になっていたと思います。でも、その感情はすでに無くなっていました。この瞬間、「自分は変わったんだな」と改めて確信することができました。

その後、弟がいよいよイーストライジングを廃業して戻ってきます。先に戻ったM子もそうですが、弟も平社員からの再スタートです。元々、仕事の知識や営業力もある弟ですので、次第に存在感を発揮して、アップライジングを盛り上げてくれるようになっていきます。

Part Ⅶ

社会支援活動へのチャレンジ

東日本大震災ボランティア
他人の喜びが我が喜び

東日本大震災!!
矢沢永吉ファンと現地ボランティアへ

父が亡くなって、すぐに東日本大震災が起きます。その時はアップライジングの店内にいました。地面からゴオーというすごい地鳴りの音が聞こえてきたように思います。私は「ちょっと大きい地震だからみんな外に出ろ！　すみません！お客さんも外に出てください！」と大声を出して外に飛び出します。ホイールラックからアルミホイールが落ちるガシャンガシャンと言う音が聞こえます。外に出て周りを見渡すと、電信柱が右に左に大きく揺れていたのを覚えています。

とりあえずスタッフとお客さんは全員無事でした。そして、電気が切れます。信号は機能しなくなります。テレビも見られません。リフトに乗って作業中だった自動車は下すこともできず、お客さんには台車を貸して帰ってもらいます。パソコンもつながらない。今、何が起こっているか全く分からない状況です。

ネットが繋がる携帯電話を持っていたスタッフが「社長、東北は津波で大変なことになっています！」と自動車が水の上に浮かんでいる動画を見せてくれました。私は「とんでもないこと起きている！今日は解散。一応明日は8時の開始で！」と会社を閉めます。

家に帰ると娘も小学校から帰ってきました。娘は「今日のミニバスの練習どうなるかな？」と心配しています。私は「多分、無いよ。テレビが見られないから分からないけど、東北を中心にとんでもないことが起きているよ！」と伝えます。電気が使えないので、ろうそくに火を灯します。電気がない生活は私もなっちゃんも娘も初めてでした。緊張しながらも、自分の家で３人で寝ることができました。この日ほど、電気のありがたみを感じたことはなかったと思います。

栃木県も東北三県ほど被害は大きくないものの被災地に認定されます。計画停電が実行されると、タイヤ交換作業もタイヤを剥がす作業もできません。電話もならない。オークションへの出品もできない。でも、そんな時こそ自分たちができることを探してやりました。また、ガソリンの供給不足などもあり、栃木県内ではガソリンスタンドに何十台もの自動車の列ができました。しばらくの間、少ないながらも会社の営業にも支障はありました。

そんな時に、仲良くさせてもらっている矢沢永吉ファンが集まる居酒屋キャロルのマスターＫＥＮＴＯさんから連絡があります。「齋藤君、今、喜連川の竹末君が来ているんだけど竹末君のラーメン仲間と一緒に気仙沼に炊き出し行かない？」と聞かれます。私は「借金返すために生きてきただけなんで、炊き出しとかボランティアとか全くやったことないんです。行っても邪魔になるだけです」と断ります。するとキャロルのマスターは「まあ

▼現地ボランティアのキッカケとなった矢沢ファン仲間
（ＥＹ竹末の社長、居酒屋キャロルのKENTOさんと奥さん）

齋藤君が行かないのは俺は別にいいけど、ＹＡＺＡＷＡが何て言うかな？」と言います。私は「永ちゃんですか！」と言いつつ、確かに永ちゃんに「齋藤君、ロックじゃないね！」と言われるのは嫌だなあと思い、「じゃあ行きます！」と思わず言ってしまいます（遅くなりましたが私は正真正銘の矢沢永吉ファンです）。

　これは、本来のＹＡＺＡＷＡ語録とはちょっと違います。本当はこんな感じです。ライブツアースタッフの手違いで、永ちゃんが泊まる部屋をスイートルームではなく一般的な部屋をとってしまったそうです。それを、スタッフが永ちゃんに伝えると「俺は別にいいよ。ただ、俺はいいけど、ＹＡＺＡＷＡが何て言うかな？」と答えたそうです。

　永ちゃんは一人の人間でもありますが、客観的な角度からスーパースターのＹＡＺＡＷＡを見ることができるし、スーパースターＹＡＺＡＷＡを演じることもできるんです。それなのでこの言葉が出てきたんでしょう。カッコいいですね。

そんなことで私は人生初の炊き出しに参加することになります。永ちゃんとキャロルのマスターに感謝です。

被災地での炊き出し
お年寄りの涙との衝撃の出会い

喜連川のラーメン屋ＥＹ竹末に集合です。バスと機材を積んだ2トントラックで向かいます。キャロルのマスターのＫＥＮＴＯさんを含め、栃木県内外でも有名なラーメン屋さんの店主が集まっています。

震災後3週間たっていましたが、高速道路はまだまだ回復しておらず、幹線も道路自体がうねっていて、車がジャンプしてしまうような状態です。気仙沼の階上中学校に向かいましたが、近づけば近づくほど「なんだこれ！これは地獄なのか！」と驚く悲惨な状態が目に入ってきます。瓦礫の山です。電気もまだ繋がっていません。その時の気仙沼は昼間だったのに真っ暗だった印象があります。

階上中学校に到着します。自衛隊や他のボランティアの方も多くいました。そして、ラーメンを作り始めます。私はＫＥＮＴＯさんと一緒にゆで卵の皮むきを始めます。ラーメンのスープができあがりラーメンの炊き出しが開始です。自分の足で取りに来られる人は提供場所まで並んで取りに来てもらいます。

私は自分の足で来られない、体育館に避難しているお年寄りにラーメンを配達する役割でした。体育館に行き「最高にロックな温かいラーメンができ上がりましたよ！　元気を出していきましょう！　欲しい方はいらっしゃいますか？」と言うと多くの人たちが手をあげてくれました。そしてラーメンを届けます。皆さん「ありがとう、ありがとう！」と言ってくれます。そして、私の生き方を変えるほどの衝撃的な出来事が起きます。

ラーメンを届けたお婆ちゃんが「ありがとう。暖かいラーメンを食べられるのも久しぶりで嬉しいけど、あなたたちが栃木から来てくれて元気をくれることが本当に嬉しいの」と私の前で涙を流して喜んでくれたのです。

これには衝撃をうけました。今の今まで自分のため、自分の家族のため、自分の会社のためと、自分のことしか考えてこなかった私です。今回は初めて自分のためを全く考えずに相手のためだけに取った行動、そして喜んでくれた相手の涙。これが無茶苦茶嬉しくて、「利害関係のない他人が喜んでくれるって、こんなに嬉しいんだぁ！」と本当に感動したのです。

「他人の喜び」が「我が喜び」になった瞬間でした。また一緒に行った居酒屋キャロルのマスターKENTOさんも「ラーメンってこんなに人を感動させられるんだ！ 俺もやりたい！」となり、居酒屋キャロルを閉めて、竹末さんのお店で美味しいラーメンを作るための修業に行くことになるのです。そして、後日「ラーメンキャロル」が開店します。

他人の喜びが我が喜び人生観が大きく変わっていく

『他人の喜びが我が喜び』— ボランティアだけでなく商売も同じです。昔の近江商人、日本の道徳型経営は、こうであったはずです。相手が喜んでいなければそれは商売ではなく詐欺。そういった文化が昔はありました。

でも今は「ビジネスはビジネス。金儲けのためだったら相手のことばかり考えていられない」といった風潮です。これまでの私もそうでしたが、今回のボランティアの体験から人生観と仕事への考え方が大きく変わりました。「それは本当にお客さんが望んでいることなのか？」を自問自答しながらタイヤを販売するようになっていきます。

この団体は後に「栃木照る照る坊主の会」と言う名前で活動します。その後何度も炊き出しにいったり、栃木県内のイベントでラーメンを売って、それを東日本大震災の支援活動のために使ったりします。とにかく東北三県のために多くの時間を使いました。

また、津波で桜が流された所に桜を植える活動をする「栃木さくら11」にも参加します。やっぱり日本人は桜が咲いているのを見ると心が癒されますからね。このボランティア団体は東北三県に2000本以上の桜を植えています。東松島の自分の庭に桜を植えた方からは今でも「幸ちゃん！ 元気にしているかい？」などと電話があったりします。

その東松島の仮設住宅が集まる公園でプロレス団体ZERO1の大谷社長とコラボしてプロレスを開催、被災者の皆さんに元気を届けました。私は力道山と同じ誕生日ですから、プロレスとは切っても切り離せません（笑）。

また、私たちが炊き出しをしている場所に別のボランティア団体が来ていました。その団体のリーダーが、一緒に来ているメンバーに汚い言葉を使って指図し、自分が吸っていた煙草を平気でポイ捨てしていました。「何だこれ？」と思いましたが、そこで正義の刀を振りかざして相手を攻撃したとしたら、ポイ捨てしたその人と一緒だと思い直し、何も言わず捨てた煙草を拾いました。これまでの激情型の自分とは明らかに変わりました。他人と自分を比べない謙虚さを保つことをいつの間にか身につけていたのです。

多くの地域社会奉仕活動に参加 多くの学びを得る

東日本大震災をきっかけに経営者団体のRクラブに入会します。毎週の例会は、お昼時に集まり食事をしながらの歓談です。世界中で震災などがあった時には率先して寄付を集めます。また、例会では卓話者を呼んで会社経営をしていく上で重要な情報を提供してもらえます。通常は話ができないような大会社の社長や銀行の頭取なども横並びで一緒に食事ができるのもいい経験になります。

朝の会にも入会します。早朝5時半から幹部朝礼、6時からセミナーが開催されます。セミナー開始前の2分間で親祖先に感謝する時間があります。ここで学ぶことで妻や娘にも本当に感謝できるようになりました。

この会では、日本の文化や道徳、仕事やプライベートでのマナーなどが掲載された冊子が毎月もらえます。この冊子を会社の社員教育に活用しています。その冊子を読み、その感想を皆の前で発表するというやり方です。社員の考える力や人前で話す力を養うことができます。

日本を美しくする会・栃木掃除に学ぶ会にも入会します。この会は、毎月第一日曜日に

▼イエローハットの創業者・鍵山さんとの出会い
（普天間基地のクリーン作戦）

夏は5時半、冬は6時に集まり宇都宮駅の近辺を掃除をします。幼稚園児から高齢者まで幅広い年代の方々が参加しています。参加費は一人200円、これが良いんです。ただのボランティア活動ではなく「掃除から学ばせてもらうための費用」という謙虚な気持ちになります。

そして、この会を立ち上げたイエローハットの創業者でもある鍵山秀三郎さんと一緒に沖縄の普天間基地のクリーン作戦に参加することもできました。その時、鍵山さんから「ひとつ拾えばひとつだけきれいになる。齋藤君、目の前に落ちているゴミ一つ気づかない、拾おうともしない人間が経営者として何が成し遂げられるんだ。だから目の前に落ちているゴミに気づき拾える人になろうよ」と教えていただきました。

それから、私は毎日最低でも1つはゴミを拾うことをやり続けています。ゴミを拾う時は「誰だ！ こんな所にゴミ捨てたのは！」なんて怒りながら拾うのではなく、「ゴミを見つけられる眼が見えて幸せ。ゴミを拾える手が動いて幸せ」と思いながら拾うと更に謙虚になれるのです。

掃除に学ぶ会では、学校や公共施設のトイレ掃除もします。それを様々な掃除道具を使ってやります。通常の掃除道具だけでは見つけられない小さな汚れを見つけられるのです。これは会社経営にもつながります。表面的にはなかなか見えない問題も、自ら真剣に見つけようとすることで発見できることを学びました。

小学校の挨拶運動も始めました。アップライジングの近くに小学校があります。会社の駐車場に向かう道路がスクールゾーンとなり、自動車は朝の通学時間帯は通行できません。アップライジングスタッフだけは警察署に侵入許可をもらっているため通行ができます。そこで、その時間にアップライジングスタッフが道に立ち、登校する子供たちに自動車が通る際に注意を呼びかけ、同時に「おはようございます！」と声をかけるようにしようと考えました。これが挨拶運動となり、安全で元気なスクールゾーンとして学校にも地域の方々にも喜んでいただけるようになりました。

障害者、高齢者雇用でも生産性を向上させる

栃木掃除に学ぶ会の当時の会長の会社が、芳賀町で障害者雇用に取り組んでいることを知ります。それまでの私は障害者のことはまったく考えていませんでした。調べてみると正社員が50人以上いる会社は障害者を全体の数の２％雇用しなければならず、もし雇用しない場合は国に対して罰金を払わなければならないことを知ります。

その時のアップライジングの正社員数は20人以下でしたので実際に雇用する必要はありません。しかし、栃木掃除に学ぶ会の会長の会社は社員全体の16％が障害者だというのです。そして、障害者の働く場所が少なくて困っているという社会問題も知ります。

この事を知り私は「障害者雇用をやろう！」と言います。なっちゃんもスタッフも「社長がまた訳の分からないことを言いだした！　ボランティア活動を自分で勝手にやっているだけならまだしも、こっちにまで負担かけないで欲しい！」という雰囲気です。

私も「いきなり障害者を雇用したらトラブルが起きるんではないか」との心配もあり、何か良い方法がないかと考えていた時に「施設外就労」というものを知ります。障害者が支援施設から外に出て働く方法です。この方法の良いところは、障害者と一緒に障害者の

ことを良く理解している監督者も一緒に来て作業をしてくれることでした。これならトラブルは起きにくいし、起きたとしてもすぐに解決できます。

そして、3人の障害者と監督者が働きに来てくれます。障害者の方々には、オークション出品に向けたアルミホイールを洗ってもらいます。汚れがひどいものは強力な洗剤で、メッキのホイールは家庭用食器洗いの洗剤で洗います。監督者の方がしっかり見てくれているので間違いは起きません。汚れが落ちるまでしっかりと洗ってくれます。どんどん慣れてスピードが上がります。その結果、会社としての生産性が上がりだしました。

その時、スタッフがこんなことを言います。「施設外就労で来ているIさんは力もありそうだから、タイヤ剥がしもやってもらいませんか？　なんかできそうなんです。やらせてみて良いですか？」と。私が「大丈夫かな？　タイヤチェンジャー壊したり、ホイールを傷つけたりしないかな？」と心配すると、「多分大丈夫だと思います」とスタッフは言います。

そして、実際にやってもらうとアルミホイールから見事にタイヤを剥がすことができたのです。この時に、障害者の可能性を閉じ込めているのは経営幹部かもしれないと気づかされます。

これを契機に障害者の仕事の幅も広がり、会社の生産性は更に上がりました。最初は障害者の働き場所が少ないから、場所を提供することが社会貢献だと思っていました。今思えば本当におこがましいことです。会社のために頑張ってくれている障害者の方々に申しわけなかったという気持ちです。今では皆、喜んで働いてくれるのでとても助かっています。感謝です。

この施設外就労の監督者のSさんが施設を定年退職することになりました。とても面倒見がいい方で、障害者の方と一緒に働くのが大好きです。アップライジングの障害者雇用の成功にも貢献してくれました。辞めてしまうのはとても勿体ないと思っていました。

そこで、なっちゃんが「Sさん。辞めた後、うちで働きませんか？うちは定年ないですし、76歳（現在は82歳）のHさんもいます。どうでしょうか？」と声をかけると「それは本当に助かります。是非ともお願いします」となりました。今も、60歳以上の雇用を続けています。

売上が3億円を突破！群馬県太田市に2号店を出店

アップライジングの売上が3億円を超えます。これまで地域清掃、挨拶運動、障害者雇用などを宇都宮を中心にやってきましたが、もう一つ店舗を増やせば同じことが別の地域でもできるんじゃないかと思い始めます。

いろいろな方に候補地探しをお願いしていました。そうすると、経営者団体の会で一度だけ名刺交換をした物流会社の方が「栃木県内ではないのですが、隣の群馬県太田市の清原工業団地に良い場所があります」と連絡をくれました。現地に行ってみると50号線から少し入った場所でした。オークション出品を中心にやるのであれば理想的な場所です。宇都宮の店舗同様に立地は余りよくありませんが、一人ひとりのお客さんを大切にしてリピーターを増やしていけば大丈夫だろうと判断して平成25年4月に太田店を設立します。

太田店設立イベントには、長年の友人でもある猫ひろしさん、宇都宮と那須のサイクルロードレースチームの選手の皆さんも参加していただき、賑やかに開催することができました。

太田店でも宇都宮と同じことを始めます。太田店の近くの小学校の校長先生に「挨拶運動をさせてください」と伝えると不思議な顔をされました。その小学校に自分の子供も、スタッフの子供も誰も通っていません。「宇都宮の本店でずっと挨拶運動を続けているんです。地域の安全は地域の企業が守りたいのです」と伝えると、「宜しくお願いします」となりました。今では来賓として卒業式に呼ばれたり、卒業した子供たちから「ずっと挨拶運動をやってくれてありがとうございました」と手紙もいただくようになりました。

駅前清掃もやりました。炊出しボランティアで知り合った友達の家が足利だったので足利市駅の駅前清掃をやることとなります。最初は少ない人数からのスタートでしたが、噂

▼太田店の設立イベントには、友人の猫ひろしさんやサイクルロードレースの選手の皆さんが参加して賑やかに開催

が広がり多くの一般の方々が参加してくれるようになりました。今では「夢ひろい」という名前で毎月第二日曜日の6時半からやっています。私が参加できない時も強制ではなく自主的に太田店のスタッフが参加してくれています。

　施設外就労での障害者雇用も開始します。最初は3名からでしたがホイールを洗う仕事から始まり、宇都宮店同様タイヤ剥がしもやってもらうようになります。今ではオークション出品に

向けての写真撮りもやってもらっています。本当に助かっています。感謝です。

また、児童養護施設支援も始めます。児童養護施設があることは知っていました。施設に入っている子供たちは親がいないとばかり思っていました。しかし、実際に聞いてみると親はいるけれど様々な事情で育てられない、また、親からのDV被害から逃げるために入っている子供もいることを知り、児童養護施設の現実をしっかりと受け止めます。「自分たちには何ができるのか？」と自問自答しました。

そして、児童擁護施設の子供たちや職員さんをプロバスケットボールやプロサッカーの試合に招待したり、お菓子を寄付したり、ボウリング場に招待して一緒にボウリングを楽しむことから始めました。

公益資本主義との出会い 一番大切なのは「社員」

実業家で公益資本主義推進協議会最高顧問でもある原丈二さんの提案する「公益資本主義」とは、社会全体の利益を考える資本主義のことです。アメリカ型の金融資本主義でいうと、会社は株主だけのものという風潮が強く、従業員・顧客・仕入先・地域社会・地球全体は会社が利益を上げるための手段にしかすぎません。

一方、公益資本主義は、会社は株主だけのものではなく、従業員・顧客・仕入先・地域社会、更には地球全体を大切にしようとする考え方です。それを推進する団体が公益資本主義推進協議会です。この会の講演会が平成27年5月にあり、私の大好きな田坂広志さんも講演すると言うことで参加します。

田坂さんの講演で特に印象的だったのは「働く」とは「傍（はた）を楽にする」こと―「はた」というのは自分ではない周りにいる他人のことです。他人を楽にして幸せにすることこそが「働く」ことだということでした。「なるほど！」と腑に落ち、「更にお客さんを幸せにする会社にしていこう！」と決意を新たにします。

また、公益資本主義推進協議会の大久保会長の講話にもとても感動しました。

社長は自社のステークスホルダーの中で一番大切にしなければいけないのが「社員」、次に「取引先」その次が「地域社会」4番目に「顧客」、そして最後が「株主」（中小零細企業では役員）という考え方です。

―社員を歯車の一つとして扱ったり捨て駒のようにしてはいけない。取引先に「安く売ってくれとか、高く買ってくれ」と強引なことはしてはいけない。地域社会に迷惑をかけるのではなく地域から愛される会社になりなさい。この3つを大切にすることで初めて商売が成立する。それからお客さんを大切にする。「お客様は神様」と言う言葉があるが、お客様は神様ではない。社員をイジメるお客様、取引先や地域社会に迷惑をかけるお客様には物を売るな。そして最後が株主。この順番を大切にしなさい―と具体的に話してくれました。

アルミホイールで途上国支援する「アルサポ」微力は無力ではない

公益資本主義推進協議会の講演会で田坂広志さんは「21世紀のノブリス・オブリージュ」について話してくれました。ノブリス・オブリージュとは「高貴な身分に生まれた人間が持つべき義務」という意味。昔のヨーロッパで高貴な身分に生まれついた貴族たちは、「人々に奉仕し献身する義務があり、戦争など何か困ったことが起きたら率先して前に出なくてはならない」そんな意味です。

21世紀のノブリス・オブリージュでは「高貴な身分に生まれた人間が持つべき義務」という意味から「恵まれた国に生まれた人間に与えられた使命」という意味に代わります。

そして、次の5つの条件から日本は世界で一番恵まれた国だと言えるとのことです。

（1）半世紀以上戦争の無い平和な国
（2）世界有数の経済力を誇る国
（3）最先端の科学技術を享受できる国
（4）高齢社会が悩みとなるほど国民が健康で長寿の国
（5）国民の大半が高等教育を受けることができる国

私はこれを聞いて途上国を支援することもすごく重要なことであると感じ、利益の一部を世界中の困っている人たちのために使うことを始めます。

カンボジアでは、世界中からの寄付でできた学校はあるが、教育者の数が足りず子供たちに十分な教育を受けさせることができないとのこと。この教育者不足を生み出した原因は、かつてのポルポト政権の圧政により、多くの教育者や知識人が処刑されてしまったことです。とても残酷な話です。私はこの会に出会うまで全く知りませんでした。そして、この会が応援する「公益財団法人シーセフ」の存在も同時に知ります。国境なき教師団と呼ばれる教育のプロたちが、カンボジア人の教育者を育てるという活動です。この活動にとても賛同し寄付を始めます。

もう一つ、この会で知り合った鬼丸昌也さんが創設した「NPO法人テラルネッサンス」です。アフリカでは、未だに紛争が続いています。その軍隊の中には子供兵がいます。誘拐した子供たちを麻薬を使って洗脳し、武器を持たせて生まれ育った地域を襲撃させます。そして家族や親戚を狙わせます。軍隊から脱走したとしても自分の生まれ育った町に戻れなくさせるためです。なんと残忍なことでしょう。軍から逃げ出した子供たちには心の傷が残ります。テラルネッサンスは、こういった心に傷のついた子供たちの社会復帰を応援する団体です。

最初に考えた支援は、タイヤ1本に付き2円の寄付です。しかし、スタートしてからすぐに20円にします。鬼丸さんに聞いたところ、アフリカの子供たちの1食当たりの食事代金が20円だったからです。鬼丸昌也さんが「微力は無力ではない」と言います。微力と無力は似ているようで大きく違います。1本あたり20円と言う金額は微力ではありますが無力ではあ

▲アルミホイールで世界をサポートする「ALUSAPO（アルサポ）」のホームページ

りません。

店内にもこの2団体への募金箱を置き、シーセフの寄付型の自動販売機も設置しました。そういったものも合わせて寄付開始から2020年1月現在で330万円を寄付することができました。

アルミホイールで世界をサポートしようとする「アルサポ」も始めています。途上国支援に賛同してくださる方々から中古アルミホイールを送料元払いで送っていただき、その買い取り金額をテラルネッサンスに寄付する取り組みです。

① 車を替えようと思うがアルミホイールが使えない
② 昔使っていたアルミホイールがそのままになっている
③ 転勤でスタッドレスタイヤ（アルミホイール付）がいらなくなった
④ アルミホイールを使う機会がなくなった
⑤ とにかく何か人の役に立ちたい

このような方がいましたら、是非「アルサポ」をご活用ください。宜しくお願いします。

Part Ⅷ

次々と実現する新規事業と社会支援

宇都宮店の再移転
日本初のタイヤ買取りドライブスルー
NPO法人リスマイリーの立上げ

中古タイヤ屋のイメージを変える新店舗
地域貢献も考えた店舗づくり

建物とタイヤ置き場を合わせて700坪の宇都宮店も手狭になってきます。冬の繁忙期は3カ所で同時にタイヤ交換をします。しかし、リフトは1台のみなので後の2台はジャッキアップです。また、待合室もあまり大きくないのでお客さんが溢れます。買取りのお客さんも殺到し、買取り見積り待ちもできてしまっている状況です。

こんなことがありました。女性のお客さんが赤ちゃんと一緒に来ていました。赤ちゃんがおっぱいを欲しいと泣きだします。しかし、待合室には男性ばかり。トイレは簡易トイレで清潔感がない。泣きじゃくる赤ちゃんと困った顔をしている女性…。

それを見たなっちゃんが「赤ちゃんとお母さんの悲しい顔はもう見たくない！ 授乳室を作ろう。もっと綺麗な女性用トイレを作ろう」と言ってきました（なっちゃんとは既に籍も入れており、私の妻であり最も信頼できるパートナーとなっています）。

私はお客さんの95%は男性で、女性は5%。まして赤ちゃんと一緒に来る女性はほんのわずかなので無理と言います。「幸ちゃんは全く分かっていない！ 女性が来やすい店にしないと売上は上がらない。だから授乳室もキレイな女性用トイレも作る！」と言い張ります。

私は、なっちゃんの意見に感心するとともに、中古タイヤだけでなく新品タイヤも扱うようになったし、会社の知名度もついてきた、女性にも選ばれるような店も必要だと考え店舗の移転を決めます。そして、現在の店舗から車で10分くらいの所に１８００坪のドラッグストアの居ぬきの店舗を見つけます。

移転と同時に新店舗の大看板には「中古タイヤ買取販売専門店」と掲げます。既に新品のタイヤも扱っていたので「タイヤ専門店」としても良いのですが、新品タイヤ屋さんに迷惑がかかると思い、あえて「中古タイヤ買取販売専門店」としました。これも公益資本主義推進協議会で学んだ「和を持って尊しとなす」と言う聖徳太子の言葉を大切にした結果です。

新店舗は全体的にキレイで清潔なイメージを作り出すために、白色で塗り直し新しく増設するピットも白色を中心にしました。授乳室にはおむつ交換台を2つ置き、多目的トイレにもおむつ交換台を1台設置します。赤ちゃんを連れてきたお母さんが何人かいても困らない設備です。また、多目的トイレは障害者が使えるトイレです。障害者雇用をしているにもかかわらず、障害者が使えるトイレがないなんてありえませんからね。

また、会議室を2つ作りました。社内会議は、お茶を飲みながらのスタッフ会議「侍会議」と女性スタッフだけでやる「ナデシコ会議」がそれぞれ月に1回行われます。その会議の

▼中古タイヤ屋のイメージを変え、地域に貢献し、女性にも選ばれることを目的とした1800坪の新店舗

ために会議室は2室もいりません。

実は地域貢献の一つとして、この会議室を地域の人のために無料で貸し出すことが目的でした。今では、主婦の皆さんのサークルや、いろいろな企業の皆さんが会義や商談、セミナーなどで使っていただいています。アップライジングはパワースポットだから、あそこの会議室を使うと良いアイディアが出るという噂も広がっています。利用者の中には無料では申しわけないと言う方もいます。そういう方は会議室の中にある、途上国支援の募金箱に募金してくれたりします。

猫ルームもあります。今では、犬猫殺処分ゼロの活動の一つとなっています。

きっかけは、あるお客様が「猫を拾ったけれど、どうしても育てられない」ということでその猫を預かり、「猫ルーム」を設置したことから始まります。そこで里親募集を始めると里親になってくれる方が現れまし

た。アップライジング出身の猫は「招き猫」になるという噂も出ます。令和2年3月現在で52匹の猫ちゃんたちを里親に出すことができました。

今では「猫カフェ」みたいなイメージになっています。ここも無料ですが、犬猫殺処分ゼロ活動や猫の餌のための募金箱が設置されています。タイヤを買わない方でも入れます。友人でもある猫ひろしさんもカンボジアから来日した時に来てくれました。なんと猫アレルギーなのですが（笑）。

日本初のタイヤ買取りドライブスルー4つのピットとラーメンキャロルの併設

新店舗としてやるからには、日本初の取り組みもしたいと思いました。タイヤ屋なのに猫ルームがあるのも日本初だとは思いますが、旧店舗時代に苦しんだ買取り時間の短縮を是非、実現したいと考えました。

そこで、「買取りドライブスルー」を作りました。牛丼屋やハンバーガー屋で良くあるドライブスルーですが、タイヤ買取りドライブスルーはどこにもありません。駐車場から入ると、オレンジのラインが引かれています。看板には「買取りドライブスルーはこちら」

となり、矢印通りに行くと買取りドライブスルー窓口があり査定となります。そして査定後、運転免許証をコピーし、自動車を運転して店舗入り口付近に駐車して車内で待ちます。スタッフが自動車の窓からお金を渡し、サインをして終わりです。

廃タイヤ付きアルミホイールの買取り金額は、その時期のアルミホイールの1kg当たりの単価により最低買い取り金額が決まっているので、電話でその最低買取り金額を確認して来られた方は、全ての手続きを自動車から降りずに10分以内にお金を受け取ることができます。但し、製造年の新しい残り山の多いタイヤやブランド物の高価なアルミホイールは、しっかりと事務所の店長クラスと相談しながら査定します。

新しい宇都宮店のピットは4つに増設。Aピット、Bピット、Cピット、Dピットを用意しました。ただのピット名だとつまらないのでBピットを「ブラッド・ピット」に、Dピットは「デヴィッド・ボウイ」の名称としました。著作権の問題とかで揉め事を起こしたりしたくないのでスペルは少し変えて「Brad Pit」と「Dpit Bowie」にしました（笑）。

また、私を炊き出しに連れて行ってくれたKENTOさんの「ラーメンキャロル」も同じ敷地に移転してきます。それまで宇都宮の中心地（現在の餃子通り）でラーメンキャロルは人気店として営業していましたが、駐車場がないため集客に悩み、移転場所を探しています。

そんな折に、アップライジングが移転を決めます。ちょうど移転先の敷地内に蕎麦屋の跡地があったので、KENTOさんに打診すると、「齋藤君！ それいい！」となります。駐車場もアップライジングと共同で100台は止められます。今では、週末に行列ができる繁盛店になっています。私の生き方を変えるきっかけをくれたKENTOさんにも、ほんの少しですが恩返しができた気分になりました。

新店舗のある地域でも近くの小学校にお願いして「挨拶運動」を続けています。やはり地域あってのアップライジングですからね。

訪問型病児保育NPO法人リスマイリーの立上げ

大阪で訪問型病児保育を経営している女性の方の講話を聞く機会がありました。私は「こんな社会問題があるんだ！」と気づかされ、地元の宇都宮でも訪問型病児保育を立ち上げたいと考えます。

「子供の熱が急に出て、保育園では預かってもらえない。でも、仕事も休めない！」「子

▼訪問型病児保育のリスマイリーは働く女性たちの強い味方

供のインフルエンザの熱も下がって元気になったけど学校には行けない。会社を一週間も休めない！」、働くお母さんであれば、誰でもこのような経験があるのではないでしょうか。そんな悩みを解決してくれるのが訪問型病児保育です。

宇都宮にも病院併設型の病児保育施設はありました。２０１６年の時点で宇都宮市のホームページで確認できる病児受け入れ人数は、6施設の合計で僅か30名でした。51万人都市の宇都宮市でもそんな状況でした。

また、私たちの仲間が行ったアンケートの結果では、半数以上が「病児保育の存在を知らない」と回答しています。また、「利用しようと思ったが定員オーバーで利用できなかった」「もう少し遅くまで預かってもらえるとありがたい」などの声がありました。

そして、設立に向けたクラウドファンディングにより130万円の資金を集め、訪問型病児保育の活動をするＮＰＯ法人を立ち上げます。法人の代表には「掃除に学ぶ会」で一緒に学んでいる女性にお願いしたところ、自分も子育て中に同じ悩みを持っていた当事者だったこともあり快よく引き受けていただきました。

団体の名前は『リスマイリー』。その名の由来は「笑顔」です。アップライジングも法人契約し、スタッフの子供たちが病気の際に、リスマイリーのスタッフが自宅に行って子供を見てくれるので安心して仕事をすることができました。

ベトナムからの外国人雇用 真面目に一生懸命に働く姿に感謝です

途上国支援を始めてからある制度が気になります。「外国人技能実習生制度」です。その国にない技術を日本で3年間学び、母国に帰りその技術を広げて行くことを目的とした制度です。寄付型の途上国支援も大切ですが、この制度を活用すればアップライジングの技術で世界的な社会貢献ができるかもしれないと考えました。

どの国にしようかと考えている時に知り合いが「ベトナムもまだまだ途上国。ベトナムも日本の技術を欲しがっています」と教えてくれました。

早速、ベトナムに行き、アップライジングで働くことを希望する10人と面接します。履歴書だけでなく面接をした時の表情や表現方法などから、アップライジングに相応しい人材3人を決めました。6カ月間の日本語研修を経てから日本に来て、3年間アップライジングで技能を学びます。

ベトナムでは、研修生の中でも最も興味あったB君の親に会いに行きました。ハノイから自動車で3時間くらいのところです。日本の社長が来ると言うことで20人以上の親戚が集まっていました。

東南アジアではカーアフターマーケット市場が今後、必ず大きくなり、先駆けてアルミホイールの塗装や修理技術を身につければ、母国に帰ってからもその技術は必ず役立つことなどを話します。そして、B君がアルミホイール修理専門店をやりたいのだったら、全面的に協力してアップライジング・ベトナムを立ち上げ、販売権を持っているアルミホイール修理の機械と一緒に、東南アジアに日本の技術とアップライジングの技術を広げていくことが可能となると夢が膨らんでいきます。B君の親もとても喜んでくれました。将来の夢なども語りあえて、すごく楽しい時間となりました。

また、技能実習生の他にもいろんなキャリアを持つベトナム人を雇用しました。

労働ビザで雇用したG君です。日本語が話せてベトナムの大学を出ています。通常の勤務のほかにも、日本人と技能実習生の間に入って日本のルールなどをしっかりと教えてくれました。

留学生アルバイトで働いていたベトナム人スタッフのA君。「労働ビザを取って正社員になりたい！」と希望していました。とても真面目で、ベトナムの大学も出ています。日本語の勉強もしっかりやっていて、とても信用できる人材だと思い労働ビザの申請をしました。今では、自動車運転免許証も取り、仕事の幅を広げてくれています。

宇都宮の日本語学校に学びに来ていたベトナム人留学生R君も、真面目に一生懸命働いてくれました。ある日、R君が朝方まで警察署で取り調べを受けました。詳しく聞くと、増水している川の中で女性が大きな声を上げているので、自殺しようとしているのかと思い、同じマンションのベトナム人と2人で水に浸かりながら無我夢中で女性を岸まで引き上げたそうです(女性はかなり酔っていたようです)。その取り調べが朝まで続いたのです。

私はこれを聞いて「外国人が悪いことをやるとすぐにニュースになるけど、良いことやってニュースになることがない。新聞に取り上げてもらおう」とR君に話します。R君は「当たり前のことをやっただけです」と固辞しましたが、日本で働いている外国人に希望を与えることになるからと説得しました。そして、地元の新聞社とM新聞社が取り上げてくれました。しかし、それだけではなくこの記事は更に発展しました。

この記事を安倍首相が何かで見たのでしょう。迎賓館赤坂離宮でのグエン・スアン・フック首相と首脳会談で以下の話題を出したそうです（以下は、本名をR君としている以外は首相官邸ホームページに書いてあったままです）。

「今日の晩餐会にはお越しいただいておりませんが、先般、ベトナムからの留学生の青年が、川に入って自殺しようと試みた日本人の女性を川に飛び込んで救出してくれました。Rさんでありました。古タイヤを売るお店でアルバイトをしながら日本で勉強している学生であります。Rさんの勇気をたたえ、感謝したいと思います」

日本で働く外国人が良いことをしたことを取り上げてくれて、とても嬉しく思いました。この記事は母国ベトナムでも取り上げられ、国で待っている奥さんや親戚はビックリしていたとのことです。でも、「古タイヤを売るお店」ではなくて「中古タイヤでしょう！」と思いました（笑）。

障害者の直接雇用を開始
症状を理解して対応することが大切です

就労移行支援施設からの紹介で初めて障害者の直接雇用をします。視覚障害と精神障害を持つ女性のTさんです。以前の職場では、ストレスが多く突然パニックになったこともあるそうです。アップライジングは社長が良い人で、猫ルームがあるという理由で面接を申し込んだそうです。一生懸命働いてくれそうだったので採用します。この時、プロボクシングのデビュー戦で片目しか見えず大変だったことを思い出しました。

まずは宇都宮店内のお掃除です。視覚障害のために物と物との距離感を間違えます。花瓶や備品を何個も壊します。次はアルミホイールやタイヤを洗う作業ですが汚れが落ちません。アルミホイール修理工場の補助作業も上手くできません。

行き場に困り、最後に輸出用タイヤ置き場の仕分け作業をやってもらいます。するとどうでしょう！　テキパキとこなし、小回りが利きます。それだけでなく同じ場所にいる施設外就労の障害者にも指示を出します。そして、自信満々に働くようになります。重いタイヤも自分なりにアレンジし、腰に負担がかからないように抱えるコツも編み出してます。輸出先のタイヤサイズの表も自分が覚えやすいように自分自身で作っています。輸出用タイヤ置き場には機械関係の一部の場所にしか屋根はありませんので、雨の日は合羽を着ての作業です。ビッショビショになりながらも何一つ文句言わずに働いてくれるTさん。助かっています。感謝です。

▼障害者の直接雇用も積極的に！
（元気に働く障害者の皆さん）

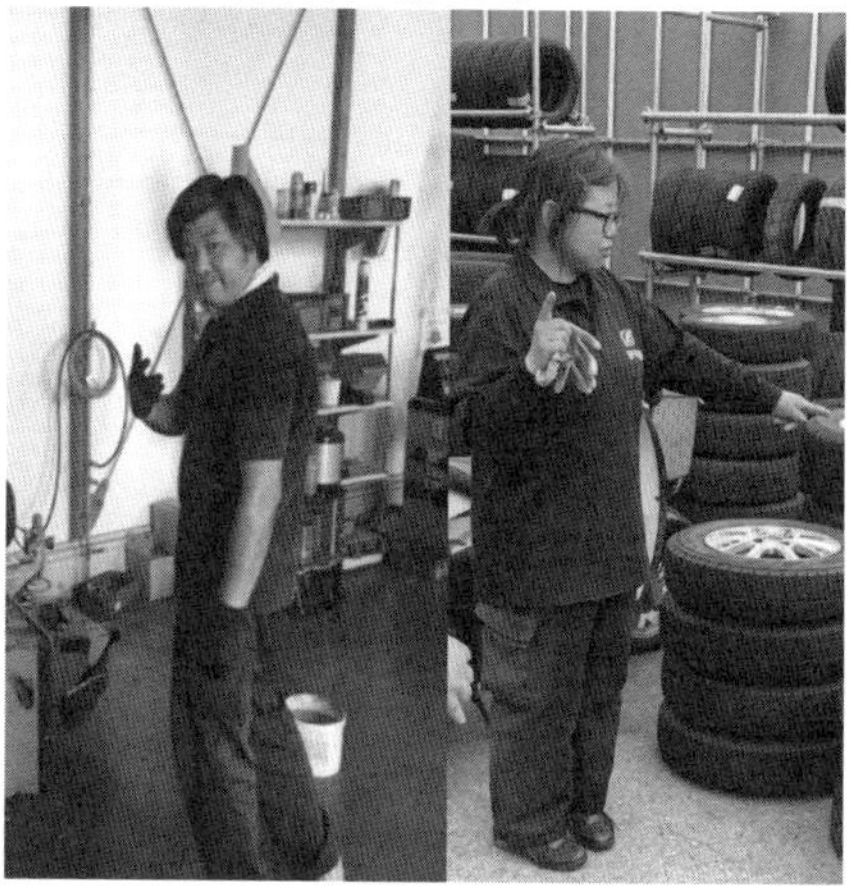

統合失調症で精神障害者一級の手帳を持っているＨｏさんが入社します。なんと社会福祉主事（なんらかの理由で日常生活を送ることが困難になった人を支援する方）の免許も持っています。「社長。ミイラ取りがミイラになっちゃったんです」と入社当時はろれつが回らない状態で笑いながら話してくれました。

アップライジングに入ったら3年は頑張ろうと思って面接に来たそうです。実際には仕事の途中で泡拭いて倒れたこともありました。何日間かご飯を食べていなかったのか、差し入れしたおにぎりを一気食いして喉に詰まらせて苦しんだりもします。会社の食事会も必ず参加していろいろと話してくれます。

Ｈｏさんは、タイヤ剥がしの作業がメインですが本当に楽しみながら働いてくれます。楽しみながら働いているのが原因だと思いますが、以前よりクスリの量も減り、障害者手帳が一級から三級になりました。そして、ろれつも回るようになってきます。

ある時Ｈｏさんに私は質問しました。「Ｈｏさん、障害者手帳一級から三級になったのは何が原因だと思う？」と。するとＨｏさんは「社長！ 薬が効いているんです！」と返ってきました。クスリの量は減っているのに。Ｈｏさんもアップライジングに誇りを持ってくれています。Ｈｏさんにも感謝です！

就労支援施設からの紹介で自閉症スペクトラムのＳさんが入社しました。自動車整備士の免許も持っています。自宅が結城市にあり、毎日70キロの道のりを遅刻することなく通勤してきます。そこで、「Ｓさん。結城から近い太田店の方でも働いてみませんか？」と提案してみました。結城市から太田店までは50キロ。宇都宮店に来るより近いのです。

そうするとＳさんから「社長。それって交通費出るんですか？」と返ってきました。アップライジングは誰にも交通費は出していないのです。普通だとイラっとしますが想定内でした。自閉症スペクトラムは、自分の考えていることと反対のことを言ってしまい、後から後悔して苦しむというデータを持っていたのです。そこで私は「ごめんＳさん。交通費出ないんだよね〜。太田店には寮もあるので２連勤、３連勤の時は泊まっても良いですよ」と言うと「まあ、社長がそこまで言うのなら行きますよ」と言ってくれました。

その後は、太田店の食事会、挨拶運動、月に一度の足利市駅前清掃にも参加してくれました。現在は円満退社し、自宅から近くの自動車板金整備工場で働いています。影ながら応援しています。

難病である潰瘍性大腸炎と全身性エリトマトーデスの方も入社します。潰瘍性大腸炎は、大腸の粘膜に炎症が起き、激しい下痢や血便、強い腹痛や発熱などを伴う場合もあります。全身性エリトマトーデスは発熱や倦怠感のほか、皮膚炎や関節炎をおこします。

病気の関係上、当日欠勤も多くあるだろうと、お互いが理解しての雇用でした。２人とも一生懸命頑張っていただき、戦力となってくれていました。しかし、現在は病気の悪化もあり退社しています。

難病の方々を雇用して分かった事実もあります。障害者手帳を持っているのですが、難病の方の殆どは見た目が健常者なのです。なので健常者と同じ動きをしていないと注意されるそうです。街を歩いていても「ノロノロ歩いているんじゃねぇ」とか言われます。電車で優先席に座っていたり、障害者スペース駐車場に自動車を停めていたりすると冷たい目で見られたりするそうです。

もしかしたら、私も同じことをやっていたかもしれないと反省しました。謙虚な気持ちを持って生きようと改めて感じさせていただけました。この二人にも本当に感謝です。

児童養護施設出身者の雇用
人と人との縁を繋いでいきます

児童養護施設の職員からの紹介で施設出身の方の雇用を始めます。

S君は、親からの強烈な虐待を避け施設で育ちました。住む家もないので会社の寮に入ります。19歳で若いということもあり、辛い肉体労働に何一つ不満を言うことなく頑張ってくれました。

しかし、盲腸になって数日間入院します。どこからかS君の父親に連絡が入ったみたいで病院に乗り込んできます。看護婦さんの神対応でS君との一触即発の危機は免れます。結局、会社が身元引受人になり入院費手術費を立て替えます。

手術が成功し、お見舞いに行くと「社長！ 専務！ ありがとうございます！ 退院後は一生懸命働きます！ ありがとうございます！」と言ってくれました。しかし、退院後初の出社をスタッフ皆で待っていても現れません。寮に行ってみるともぬけの殻でした。一応、何かあってはいけないと思い捜索願も出しました。

それから6カ月後。施設関係者から連絡が入りS君の居場所が分かります。施設の先輩の焼肉屋で働いていたそうです。その先輩がアップライジングに未払いがあるS君に対して怒りを感じ、S君を会社に連れて来てくれました。6カ月ぶりの対面です。

なっちゃんは「S君生きていて良かったよ。借金は少しずつ返してくれればいいから」と言います。私は「折角つながった関係なんだし、仲直りついでに今度焼肉食べに行くよ！」

と言って和解します。その後、何度か焼肉を食べに行きました。結局、お金は1円も返って来ていませんが今でもS君には会っています。また焼肉のお店に行ってみます。

栃木若年者支援機構から紹介がありました。小さな頃から父親の酷いDVで育ったO君、31歳です。数年間生活保護を受けて暮らしていたというO君。面接の時になっちゃんは、「あなたが本気で変わりたいんだったら、アップライジングは変わるお手伝いをします。でも中途半端だったら辞めてもらいます」と伝えます。O君は「本気で変わりたいです！」と返ってきました。

今までずっと社会に馴染めず、派遣の仕事もすぐに行かなくなったりしていたO君です。一筋縄ではいきませんでした。テンションが上がったり下がったりで、遅刻も良くします。ある日のことです。また遅刻です。連絡も取れません。これはちょっとおかしいと思い、なっちゃんが彼の一人暮らしのアパートに行ってみます。電気はついているけどチャイムを鳴らしても出てきません。「O君が死んでいたらどうしよう」と思って急いで大家さんに鍵を開けてもらいました。なんとゴミだらけの部屋に彼がいました。

アパートの階段に並んでなっちゃんと2人で話し合います。父親からの虐待から逃げるようにして施設で育ったO君は、いろいろと間違った判断をしてしまいます。今回も彼女だと思っている人に、もらった給料を全部渡して4日間何にも食べていなくて倒れたのだそうです。これをきっかけに、なっちゃんがO君のお金（給料）の管理をすることになります。食事を取らないことを防ぐために、会社の近所にあるお弁当屋さんに昼と夜のお弁当を届けてもらい、それを食べる生活にしました。

その後、O君の彼女だと言い張る女性が現れましたが、完全にO君のお金を狙っているとんでもない人間だと分かり、「これ以上O君に近づかないでください。警察に言いますよ」となり別れさせることができました。また、部屋の大掃除も実行しました。驚くことにアップライジングの2トントラック8台分のゴミがありました。

そして、O君は少しずつまともな生活ができるようになっていきます。今では、お金の管理を自分でできるようにもなりました。

アップライジングの朝礼開始2分前には、親、祖先に感謝。地球、太陽、月、大宇宙に感謝する時間を取っています。親、祖先に感謝する時間は大切です。でもO君は生まれた時に母親はいなくなり、父親からは虐待を受けて施設で育ちました。内心、親に感謝できるのかと思うこともありました。

そんなある日、O君が私となっちゃんをラーメン屋に招待してくれました。その時、「最近、親に感謝する気持ちで、時折、父親に会いに行くことができた」と聞かされます。私たちは驚きと喜びでいっぱいになりました。入社以来、親のように面倒をみてきたなっちゃんは「O君成長したね！」と喜びます。親に感謝できるようになったO君に感謝です。

薬物依存症施設からの雇用 アップライイジングという回復プログラム

縁があって、薬物依存症者の厚生施設・栃木ダルクの存在を知ります。その栃木ダルクの職員の方（過去には薬物依存者だった）が「薬物依存者は犯罪者扱いされますが（実際に犯罪です）、別の角度から見ると病人です。悪いと思っていても止めたいと思っていても、なかなか止めることができない病気にかかっている病人なのです。皆、その病気を克服しようと頑張っています」と話していました。

普通、病気を克服しようと頑張っている家族や仲間がいたら応援します。でも、日本の社会は、薬物をやると袋叩きにします。特に芸能界は二度と復活できないくらいに奈落の底まで落とします。確かに薬物に手を出すことは悪い！　でも、もっと悪いのはその裏にいる薬物でお金儲けをしている人間たちです。ならば、「ダルクにいる人たちの社会復帰のための活動も応援して行こう！」と思いました。そして、栃木ダルクで回復プログラムを受けている方々に就労体験の場を提供していくことになります。

栃木ダルクから最初に入社したのはIさんでした。有名大学を出て都内の有名企業で働いていた時に、長時間残業やストレスに苛まれ、悪い仲間と繋がり違法薬物に手を出してしまったそうです。

Ｉさんを採用して直ぐにこんなことがありました。トラックのタイヤ交換をやっている最中にボルトを折り、Ｉさんは冷や汗ものです。当然、怒られることを覚悟してＰＩＴの上司に伝えると「消耗品だからしょうがないよ。でも、ミスはミスだから報告書は提出してね」と言われます。「あれ、怒られない！」と思い「社長には怒られますかね？」と聞くと、「いや、うちの社長は、そう簡単には怒らない」と返ってきて唖然としたそうです。私もＩさんに「どんまい」と笑いながら言いました。

そして、自頭のいいＩさん、アップライジング初の大卒です。どんどん才能を発揮します。ＰＩＴ部門からフロント部門に移り、接客対応も素晴らしくファンも増えていきます。

そんなＩさんが驚く出来事があったそうです。

それは、お客さんとベトナム人のA君とのやりとりでした。お客さんがA君にタイヤ交換したいことを伝えるとA君は丁寧な日本語で「これはまだまだ履けるから勿体ないですよ。後一年か、1万キロくらいは走れます。それからまた来てください」と言ってお客さんを帰してしまったのです。

Ｉさんは「買いに来ているのになぜ売らないんだ？」と不思議に思い、A君に聞くと「はい。これ、お客さん一番喜ぶ。お客さん喜んでいるのを見ていると私も嬉しい。社長もそう言う考えだから」と教えてくれたそうです。しかも、そのお客さんはちゃんと一年後に来てくれたのです。Iさんは驚きとともに、なんて素晴らしい会社なんだと感動し、この会社で頑張ろうと思ったそうです。

アップライジングでは朝礼で「今日のワクワク」と言うものがあります。友人でもあり尊敬する大嶋啓介さんから「予祝」と言うものを学びました。「予祝」とはまだ起きていないけど起こしたい結果を先に皆で祝うことで願いが叶うという方法です。日本での代表的な予祝が「花見」です。田植え前に桜を見ながら、秋にお米が大収穫になることを見立てて先に祝うのです。そんな感じで自分がワクワクしていることを前に出て話します。

ある日の朝礼での「今日のワクワク」でIさんが発表させて欲しいと手を上げます。その話の内容は、薬物依存となり、絶縁状態にあった家族に15年ぶりに連絡ができたこと、父親は既に亡くなってしまったけれど、今度、母親と食事をする約束ができたことを本当に嬉しそうに語ってくれました。

私はアップライジングという「縁」がIさんの親との関係を回復させたことに、すごく喜びを覚えました。また、朝礼前の2分間を大切にしてきて良かったなと思いました。

その年の年末にはIさんは15年ぶりに実家に帰り、父親のお墓参りもできたそうです。

その後、Iさんは、なんとアップライジングで社内結婚（突然のことで、皆、ビックリでした）をして、今も元気に働いています。現在でもまだまだ元薬物依存症の方々には厳しい社会ですが、しっかりとした回復プログラムを使えば必ず回復できるのです。

もう一人、栃木ダルクからSさんを雇用しました。Sさんはアウトロー団体経験者でした。アウトロー団体→刑務所→アウトロー団体→薬物→刑務所→薬物依存厚生施設ダルクというハードな人生を送ってきていました。

アウトロー団体は数団体渡り歩いていますので、ケジメの度に指の関節の数が少なくなっていったそうで、アップライジングに入った時には4関節がない状態でした。最初はPIT作業を中心にやってもらいます。タイヤを剥がしたり組んだりする時にバールを使います。指の関節が少ないのに大丈夫かな？と思いましたが、その辺は器用にこなしていきます。昔は悪かったようですが、今はとても謙虚なのでアップライジングのスタッフともすぐに仲良くなっていきます。

月に一度の食事会の時には指をつめた時のことを話してくれました。「一回目やった時はビビってたんでかなり痛かったですね。でも、二回目以降はそうでもないんです。慣れですね慣れ。一気にやっちゃえば何とかなるんです」と笑いながら話してくれました。

こんなこともありました。見た目は普通のお客さんなのですが、途中から豹変！交換作業中に車にキズがついた！安くしろ！の一点張りです。PIT作業中の防犯カメラにもキズがつくような映像はなかったため最終的には何も売らないで、元のタイヤセットをつけて帰ってもらいました。

その直後、Sさんが私の所に来ます。「社長。あのお客さんに売らないで正解です。あの人は間違いなく現役です」と教えてくれました。世の中には中小企業診断士の肩書の方は多くいますが、アップライジングから日本初の診断士が生まれた瞬間でした。それは「フロント企業診断士」です。アウトロー団体と繋がりのある人間を見抜けるのです。Sさんいわく「臭い（雰囲気）ですぐ分かります」とのことでした。自分の会社を守って行くために「フロント企業診断士」は1社に一人必要かもしれませんね（笑）。

Sさんの46歳の誕生日に、皆でハッピーバースデイを唄いながらケーキをプレゼントしたら「こんなの生まれて初めてです！」と喜んでくれました。どんどんアップライジングらしくなっていきます。社員旅行にも一緒に行きます。ただ、温泉は入れませんでした。身体中にびっしりと絵が描かれていますので部屋のシャワーです。そして10カ月たった頃に正社員になります。それまでは栃木ダルクの寮から自転車で通っていましたが、アップライジングの近くにアパートを借りて住むようになります。

正社員となり仕事にも頑張るSさんでしたが、ある時フロント作業時にミスをしてしまいます。上司も同僚も誰もSさんのことを責めませんが、自分自身のふがいなさからか落ち込んで養命酒を飲み始めてしまいます。栃木ダルクではアルコールも薬物だから駄目となっていました。Sさん自身もアルコールの次は違法薬物に手を出してしまう不安感が出てきます。そして、一週間の長期休暇後にいろいろと考えた末に、栃木ダルクに戻って行きました。栃木ダルク時代からSさんと一緒で年も同い年のIさんは「俺がもっと寄り添っていれば…」と泣いていました。私もアップライジングスタッフの皆も、また一緒に働きたいと思っていました。

そして一年後、私は第15回NA日本リージョナルコンベンションin宇都宮に参加しました。NAとはナルコティクス・アノニマス。この団体は薬物依存からの回復を目指す薬物依存者（ドラッグアディクト）の国際的かつ地域に根ざした集まりです。ここで一年ぶりにSさんと会います。「早く戻ってきてください！皆、待っています！」と声をかけると、Sさんは「社長。ありがとうございます。今、いろいろと考えているのでもう少し時間をください」と言います。

そのイベントではIさんが皆の前で話しました。薬物依存症を克服したこと、現在アップライジングで働いていること、結婚できたことなどの20分間でした。Iさんの壮絶な人生、Iさんも18年間この病気に苦しみ、何人もの仲間が逮捕されたり、入院したり、死んでいったこと…。正直、キツイなあと思いつつ、思わず泣いてしまいました。

薬物依存症は止めようと思ってもなかなか止めることができない重い病気です。簡単なことじゃないのは分かっています。でも、アップライジングには、そんな彼らを応援できる最高の仲間たちがいます。

その半年後、栃木ダルクから連絡が入りました。Sさんが地元のダルクに行って社会復帰を目指すことになったということでした。そして、その数日後、最後のあいさつにSさんがアップライジングに来ました。皆にも久しぶりに会えたので、とても楽しそうでした。少し寂しい思いもありましたがSさんが決めたことです。離れていても応援しよう！と思いました。

新しい友達がどんどん増えていく久しぶりのボクシングのリング

この頃、私は多くの経営者団体に参加し、プロスポーツチームのスポンサーやサプライヤーをやるようになっていました。そして、いろんな機会に、自分の今までのポンコツ野郎から現在に至るまでの体験などを講話するようになりました。健康食品販売時代の友達の数は、ほぼゼロでしたが、その頃には新しい友達がどんどん増えていきました。

「幸ちゃんは栃木のスーパースターだな」と冗談で言われましたが、それを本当に信じる方も出てきました。そして、ある経営者の方から「幸ちゃん、今いる仲間のほとんどが幸ちゃんのボクシングの試合見たことないから、引退試合と題して試合しない？　今度プロレス団体ＺＥＲＯ1のイベントを宇都宮でやるので、その時に一緒に…」と言われます。アップライジングのスタッフに聞いてみると皆もぜひ見たいと言います。

私は「まじかよ。でも今75キロくらい体重があるし、とてもじゃないけど皆の前で脱げない。でも新店舗移転イベントとしてやったら面白いかも？」と考え、挑戦してみることにします。「対戦相手を誰にするか？」と考え、なっちゃんの中学校の後輩で一応は現役の地下格闘技の選手を見つけます。現役と言ってもそこまで本格的ではなく、ぽっちゃり体系で出場していた選手です。体重制限なしということになり無差別級での試合が決定しま

▲久しぶりのリング。3ランド KO 勝ち！

す。試合は、宇都宮のど真ん中「オリオンスクエア」で行われます。最初はＺＥＲＯ１の大谷晋二郎社長のセミファイナルでやる予定でしたが、大谷社長が「齋藤さんの試合を集中して見たいから是非メインイベントでやってください！」となりました。

この試合に向けて私は減量を始めます。ボクシング風の減量では2カ月で15キロは無理と思い、その当時話題になり始めたパーソナルトレーナーによる筋力トレーニングと糖質制限の方法を実行しました。そして、現役時代のライト級リミットの60キロまで落とします。相手は減量無しなので１００キロくらい体重があったと思います。

当日はリング近くのテーブル席以外は無料ということもあり、１０００人以上の観客が集まりました。久しぶりの試合です。レフリーは作新学院時代の同級生がやってくれました。2ラウンド目からはヘッドギアも取り真剣勝負です。そして、3ラウンドＫＯ勝利をします。真剣に格闘技をやっている人からすれば茶番劇ですが、一応私のＹｏｕＴｕｂｅにはその時の試合が残っています。気になる方は見てみてください。

Part IX

人間力経営で未来を拓く

ホワイト企業大賞・特別賞「人間力経営賞」を受賞！
運気アップ餃子の販売
世界リサイクルタイヤ研究同志の会の設立

第3回ホワイト企業大賞特別賞「人間力経営賞」を受賞！

アップライジングが途上国支援のために寄付しているテラルネッサンスの創業者である鬼丸昌也さんから「今度、ネッツトヨタ南国さんで企業研修があるから専務も誘って一緒に行きませんか？」と誘われます。私は二つ返事で行くことを伝えます。鬼丸さんの人脈は広く、以前にも伊那食品工業に連れて行ってもらい、そう簡単にはご一緒できない塚越副社長にいろいろとお話を伺うことができました。ネッツトヨタ南国さんも伊那食品工業さんも「日本で一番大切にしたい会社」という本でも紹介されている有名な会社です。

研修会場の現地に着き、横田英毅取締役相談役と鬼軍曹と呼ばれる女性リーダーから最高のチームの作り方を教わります。研修の内容はお伝えできませんが、私もなっちゃんも「アップライジングに似ている！」と思いました。

そして、研修後の懇親会でも奇跡が起きます。なんと！ネッツトヨタ南国相談役の横田英毅さんが参加してくれたのです。鬼丸さんいわく「横田相談役が懇親会に来ることはまずないですよ。皆さんラッキーです」と。懇親会で私は横田相談役の隣に座ります。私はハイボールを飲みます。横田相談役から「齋藤君。ハイボールっておいしいの？」と聞か

▼ネッツトヨタ南国・横田相談役と著者

れたので、「蒸留酒で糖質も入っていないですし、半分は炭酸水なので悪酔いしないです。二日酔いにもなりにくいです！」と伝えます。すると「じゃあ俺も飲んでみよう」とハイボールを飲みました。それ以降、鬼丸さんは私のことを誰かに紹介する度に「ネッツトヨタ南国の横田さんにハイボールを教えた男」と言って紹介してくれます。

そして、横田相談役にいろいろとアップライジングのことを話していくと「齋藤君、ホワイト企業大賞にエントリーして見たら？」と言われます。私は「何ですかそれ？ そんなのあるんですね！ 横田さんがおっしゃるのならエントリーします！」と言ってエントリーすることになります。

ホワイト企業大賞の企画委員会（委員長は天外伺朗さん）は、「ホワイト企業」の定義を「ホワイト企業＝社員の幸せと働きがい、社会への貢献を大切にしている企業」と定めています。

まず、ホワイト企業大賞に10万円を支払ってエントリーします。それするとスタッフ用のホワイト企業指数アンケートが届きます。それを全スタッフに無記名で答えてもらいます。筆跡が分からないようにスマートフォンやパソコンから答えます。質問内容は社員に対し

▲第３回ホワイト企業大賞・特別賞「人間力経営賞」授賞式

て聞きにくい質問ばかりです。また、面倒くさいからアンケートに答えないと言う社員が多いと回答率が下がったりもします。そのアンケート結果を元にホワイト企業大賞企画委員会のメンバーが、会社を訪問チェックします。そして、訪問後に企画委員会の方が感じたことや参考資料、アンケート結果を元に大賞、特別賞、推進賞が選ばれます。

それらの選考の結果、アップライジングは、第3回ホワイト企業大賞・特別賞「人間力経営賞」に選ばれました。一人ひとりの人間力の向上を大切にしてきた我が社にとっては最高の賞でした。

そして、ネッツトヨタ南国の横田相談役から「齋藤君。これから講話の依頼が増えるよ。自分と会社を安売りしちゃ駄目だよ」と言われました。私は畏って「ありがとうございます！」と答えますが、心の中では「へ～そうなんだ～」と思っていました。しかし、その後、横田さんの言った通りに講話依頼が増えていきます。

刑務所出所者の雇用「心が折れそうになる」でも諦めない

小学館集英社プロダクション・ジョブソニックから、「刑務所からの出所者雇用に興味がありませんか？」と言う話がありました。出所者雇用の経験ならば、栃木ダルクからSさんを雇用したことがあるので問題はありません。人間力大学校（自称）のアップライジングとしては新しい取り組みです。

まずは講話です。喜連川社会復帰促進センターで１１００人の受刑者に向けて講話をしました。犯罪を犯した背景にもいろいろな理由があり、犯罪を正当化しようとは思いませんが、罪を償い社会復帰のために一生懸命頑張っている人たちをアップライジングは応援しますという内容です。

数か月後、講話を聞いた後、タイヤ関係の仕事に興味がある人が９名いると連絡がありました。「出張タイヤ交換号」で私とホイール修理工場長のＨａさん、栃木ダルク出身のＩさんで出向いて実際の仕事を見てもらいました。タイヤを組んだり剥がしたり、バランス調整作業などを実演します。オークション出品前に情報を取って写真を撮る作業も見せます。

その後、質疑応答です。「身元引受人になってくれるのか？」「受け入れ態勢は大丈夫なのか？」「犯罪者というのをバラさないで働けるのか？」「住む所は用意してくれるのか？」等々、想定内の質問ばかりでした。Ｈａさんが住む所がなかったので寮に入れてもらえたいきさつを話します。犯罪者であったことをバラしたくないと言う質問に対しては、Ｉさんが「私の経験上、隠しながら仕事すると、いつかバレるのではという恐怖心がずっと付きまとう。うちの環境だった何を言っても大丈夫です。別に過去のことなんて誰も気にしませんから」と伝えます。

数か月後、９人の中から本気で働きたい人が出てきました。Ｋさんです。専務と店長で面接に行きます。私はすぐに採用を先走るからとの理由から置いてけぼりでした。多くの質問を投げかけても全部返してくれて、すごく前向きなで良い感じだとの報告でした。

次の二次面接には私も参加させてもらえました。Ｋさんの罪状は詐欺ですが、真面目で飾らず本音で話します。採用を伝えると「やった！　頑張ります！　ありがとうございます」とすごく喜んでくれました。

この小学館集英社プロダクション・ジョブソニックの良いところは、塀の中にいる時に職場が決まることです。出所してから働く先を探そうと思っても何からして良いかも分からず、結局仕事にありつけず時間を持て余してしまい再犯をしてしまうのを防ぐことができるのです。

そして、刑期満了でKさんが出てきました。出てきた初日にユニフォームを取りに来ました。私は「本当は焼肉でも連れて行きたいところだけど、一人だけひいきするわけにも行かないので、これでキャロルでラーメンでも食べて来てください」と1000円を渡します。「ありがとうございます」と喜んでいました。

次の日の朝礼で「今日から働かせていただくことになったKと申します。宜しくお願いします！」と元気に挨拶してくれました。自動車関係の仕事の経験もあり、PIT作業から入ってもらいます。PITで一緒に働いた副店長が「社長。Kさんは最高です。初日から即戦力です」とすごく興奮していました。

次の日も朝礼から参加し、PIT作業を頑張っていました。昼過ぎに事務所に来て、「すみません。シャバに出て慣れていないのか身体の調子が悪くて早退させてください。明日から頑張ります」と言います。「分かりました。それでは早退で、お疲れさまです」となります。そして次の日、出勤せず電話も繋がりません。午後になりやっと連絡があり体調不良が治らないと。その後、一日だけ働きますがその日を最後に退社しました。

彼の再出発のために多くの時間を使ってきました。私だけでなく、多くのスタッフも時間をかけてきました。時間は心、心は時間。心が折れそうになりました。この時ばかりは皆で「こんなものか。もう出所者の雇用は止めましょう」と言う雰囲気になりました。しかし、これで折れていたらアップライジングではありません。たまたまKさんがそういう人だったのです。今後も、本気で人生をやり直したい人がいたら本気で取り組みます。

メディアへの露出
いろいろな人がやって来る

メディアへの露出が増えます。するとこれまでにない問い合わせが増えました。『元引きこもりで生活保護を受けていたO君がアップライジングで社会復帰し納税する側になった』という記事を見た方から「うちの甥っ子が引きこもりなのです。その子も働かせて貰えますか？」とか、「私の旦那が今、○○刑務所に入っているんです。出て来てから、そちらで雇ってもらえますか？」とかです。

TVやネットニュースや雑誌でアップライジングのことを知ると衝動的に電話してきます。アップライジングで一番重要視しているのは「その本人が本当に変わりたいか？」です。大変な状況の人を何とかしたいという周囲の優しい気持ちは理解できますが、最終的には本人の問題なのです。

メディアを見て「アップライジングで働きたい！」と思ってくれていた女性がいます。

ハローワークにアップライジングの求人募集がなく、求人募集があるまで待っていたそうです。求人募集が出た途端に応募して採用になりました。その女性が入社後に、「インダストリアルピアスをして、ゼロゼロゲージと言う一円玉大の穴を開けたり、スキンヘッドの私は、どこの職場に行っても変わり者扱いされてきました。でもアップライジングに入ったら変わり者だらけで私が全然目立たない」と残念がっています（笑）。

更に、こんなことも言ってくれました。「亡くなった父親はアルコール依存症でDVもあり大嫌いでした。でも、この前、お墓に行きシャンパイファイトよろしく、お墓にシャンパンをぶっかけながら父親に感謝の言葉を伝えられました」と。アップライジング魂が、ここにも受け継がれています。

最近、直接雇用で太田店に入社した両下肢機能障害4級の男性も強烈なキャラです。相手を喜ばせよう喜ばせようと、常につまらない冗談を考えています。そして植物を育てるのが大好きです。かなり弱っていた太田店の観葉植物を全部復活させてくれました。この方も一般的な会社では浮いてしまうだろうなと思わせる人ですが、アップライジングでは完全に馴染んでいます（笑）。

本当に働けない人は生活保護をもらってください。私は生活保護を否定しているわけではありませんので誤解しないでください。

アップライジングには生活保護者から納税者になったスタッフがたくさんいます。日本にとってもお金を払う側から貰える側に変わりますのでダブルパンチで嬉しい。皆に働かないで生活保護をもらっている時と、働いて納税する側になった今のどっちが幸せか？ と聞くと、皆が口を揃えて今と言います。自分に合った、働きがいのある、そして誇りの持てる仕事に出会えれば、誰でも楽しく働くことができ、働くことの喜びを知ることができるのです。

アップライジングのスタッフは同じ船に乗った乗組員

本当にアップライジングのスタッフは、全員が一生懸命働いてくれます。施設外就労で来ている障害者の皆さんも一生懸命働いて、生産性を上げてくれます。派遣的な感覚ではありますが、アップライジングにいる時は「同じ船に乗った乗組員」だと私もスタッフ全員も思っています。カウンターの受付けの女性と話すのが大好きで、「今日も会えて良かった。嬉しい。また仕事を頑張れる」と言ってくれる方もいます。そのくらい皆が仲良く、楽しみながら働いています。

しかし、そんな雰囲気を壊してしまう人もいます。障害者の監督者として来ている施設の人です。この人もアップライイジングにいる時は、「同じ船に乗った乗組員」であって欲しいのですが、別会社の社員ですのでアップライジングの経営理念や社訓、志が入りません。障害者の皆さんは一生懸命なのに、監督者が全く何もせず、ずっと携帯ばっかりいじっていたり、空をずっと眺めていたりします。

スタッフが「社長。あの施設から来ている監督者。曜日によって違う人が来ますが全員何にもやらないんですよ。障害者の仕事のフォローで来ているだけなのは分かりますが、あれじゃあんまりです。周りのアップライジングスタッフがやる気なくなっちゃいますよ」と言ってくれます。障害者就労支援の施設長に何度も電話で相談しましたが、全く変わりません。

すごく悩みました。そして「アップライジングのスタッフを一番大切にしたい」という思いから、この施設との関係を切りました。その分、他の施設から来てくれている障害者の人数を増やしました。他の施設の監督者は、アップライジングにいる時は「同じ船に乗った乗組員」になってくれます。

監督者の中には「障害者の働く場所をたくさん作りたい、障害者と一緒に社会を良くしたい」という志の高い人もいれば、ただ楽をしてお金を得たいと言う人もいます。悲しいですがこれも現実です。感情で判断するのではなく、理性的にしっかりと現実を見て判断することができた事例でした。

イノシシ出没！
全国ネットTVで話題になる

ある朝の出来事です。朝礼が終わり、みんなで掃除をします。私もトイレ掃除を終え、事務所でメールの返信などをしていました。スタッフたちは棚卸業務をしています。レジカウンターでお菓子を並べている女性スタッフの背後で「ガン！ガン！ガン！」と大きな音が鳴ります。変わり者の多く集まるアップライジング、また誰かがふざけているんだろうな～と思って後ろを振り返り店舗の入り口付近を見ると黒い巨大な塊が！「なんだ！あれ！うわ！イノシシだあ！」となり、「イノシシ！イノシシ！」と大声で叫びます。それを聞いたスタッフたちが「イノシシ？」となり大騒ぎとなります。

しばらくして、防犯カメラで確認すると本当にイノシシでした。ラーメンキャロルの方から走って来て、透明で見えなかったんだと思いますが、店内入り口の自動ドアに何度も突っ込みます。そして、中に入れないと分かると宇都宮環状線を北の方向に走り去っていきました。店内に入ってきたら、私の右フックか、信行（弟）の右ストレート、なっちゃん（妻）の背負い投げで対応できていたかもしれません（笑）。

信行が「イノシシが出た場合はどうすればいいか？」を調べます。最初に警察に連絡するのです。初めて知りました。そして、警察に連絡すると今度はテレビ局と新聞社から取材依頼の電話があります。何故だろうと思ったら、警察はメディアを使って近隣住民に注意喚起をして欲しいので情報を流すんですね。

そこから取材依頼が来ます。最初は地元のＴＶ局と新聞だけでした。そして、防犯カメラに映ったイノシシの映像が流れます。すると今度はそれを見た全国放送のＴＶ局から防犯カメラの映像をくださいと連絡が入ります。アップライジングはまた全国放送のＴＶに出ます。

父が亡くなってからずっと連絡を取っていなかった親戚のおばさんからも「テレビを見ました。すごく大きな会社になりましたね」と連絡がありました。数日後、千葉県でこのニュースを見た方が「イノシシ大変でしたね。心配で見に来ました。ついでに夏タイヤを交換してください。スタッドレスのセットも買って帰ります」となりました。これもあのイノシシのおかげですね（笑）。

▲猪が映る防犯カメラの映像

アップライジングファンのために運気アップ餃子の販売を開始

あるお客さんが「一応金額は気になるけど他のお店よりちょっとくらい高くてもアップライジングでタイヤを買うことに決めています。何か気分が良いし、ここで買ったタイヤ履いていれば事故にも会いにくいような気がするんです」と言ってくれます。

ある保険会社の人が「うちの保険のお客さんには全員アップライジングを薦めています。こんなちゃんとした会社ないですから！」と言ってくれます。

大阪からタイヤを2本買いに来たお客さんが「タイヤを買うならアップライジング！」と言ってくれます。その人も永ちゃんファンで、永ちゃんの武道館ライブのついでに宇都宮にまで来てくれました。

少しずつですがアップライジングファンが増えてきました。そして、全国から会社見学に来る方々から「本当はアップライジングから何か買って帰りたいのだけど、電車で来たのでタイヤを買って帰れない。何か気軽に買って帰れる物があるといいね」との意見もいただきました。また、近隣の方々や友人知人からも「私もアップライジングにもっとお金を落としたいのだけど、タイヤを買うのは3年とか4年に一回なんだよね。もっと手軽に買えるものあったら月に何度もアップライジングに来れるのだけどな」と言われます。

そして、なっちゃんと相談です。「食べ物はどうかな？ うちは元々とんかつ屋だったし食べ物を作ったらどうだろう？ 宇都宮だし餃子を作ったら売れるんじゃね？」と言うと「なるほどね。幸ちゃんのネットワークなら、もしかしたら良い餃子ができるかも！ じゃあ私が美味しい餃子のレシピを考えるか！」と、なっちゃん専務もやる気になってくれます。

餃子の皮は仲間のネットワークで、日本一の餃子の皮を販売している愛知県の業者から仕入れます。その業者は自社で餃子も作っているので、その現場にも何回も見に行きました。そこは生餃子と冷凍餃子の持ち帰り販売専門店でした。焼いた餃子を売るのではなく、持ち帰って焼いてもらうのです。

そこで生餃子を作り、売っているのはご高齢の方でした。それを見て「これなら高齢者雇用にもなるし、仕組みをしっかりすれば障害者でもできる」と思います。

そして、設立に向けて動き出します。ヤマプラス栃木さんとパナックスコミュニケーションズさんがスポンサーになってくれました。感謝です。

そして屋号は、ネットで「餃子を食べると運気が上がる」という噂を見つけ、それをヒントに「運気アップ餃子」にします。商品名は宇都宮で餃子を販売している大先輩の皆様に怒られかもしれないと思い「まあまあウマイ餃子」としました。

▼運気アップ餃子の直売所・「中古の餃子はギョザいません」のノボリ

また、東日本大震災の炊き出しに一緒に行き、「那須御養卵」をたくさん寄付してくれた方がいました。その方の会社で扱っている那須御養鶏を使って鶏餃子を作ったら美味しいのではと思いつきました。餃子のレシピはなっちゃんを中心に女性スタッフが一生懸命考えてくれました。那須御養鶏の餃子はあっさりしていて糖質も少ないので人気が出ました。

また、エステティシャンの方から「グルコマンナン（水溶性食物繊維）と竹炭の入った餃子」を作って欲しいとの要望がありました。商品名は悩みましたが、キーワードは腸かな？と思い「ちょうちょうちょういい感じ餃子（ちょう×3いい感じ餃子）」にしました。エステ業界でも話題にしてもらい、少しずつですが売れるようになってきています。そして、女性スタッフから「社長が講話に行くと、その講話を聞いた地方の方から冷凍餃子の注文が多く入ります。だから、社長はどんどん講話に行ってください」と言われました。ありがたい話です。

そして、高齢者の雇用もできました。63歳の女性が入社してくれました。毎日、一生懸命餃子を作り、頑張ってくれています。

両親が大好きだった飲食業界に再び参入できたこともとても嬉しく思います。なにがしかの尊い縁でアップライジングと繋がり、餃子を買っていただいたお客様の運気がどんどんアップすることを楽しみにしています。是非一度食べてみてください。

因縁のライバルK君との22年ぶりの再会と和解

ある時、プロボクシングの世界タイトルマッチを見ていました。圧倒的有利に試合を進めていたのにもかかわらず判定負けでした。その選手は「結果は結果なんで、僕自身が何か言うことはない。試合を見た第三者が判定するので僕はあまり言いたくない」と言ったのです。そして、試合終了後、対戦相手と一緒に写真を撮ってSNSに投稿していたのもニュースで知りました。これこそスポーツです。

そして、あのK君のことを思い出します。アップライジングの社訓に「自分を許し他人を許せる人間であれ」とあるにも関わらず、高校時代のインターハイ準決勝で因縁のできたK君にまだ謝ることができていなかったのです。

そんな時に、アマチュアボクシングの写真を37年間撮り続けてきた高尾啓介さんから電話がありました。今度、アマチュアボクサーが引退後にどんな仕事に着いているのかを取り上げた写真集を出すことになり、是非、私のことも掲載したいとのことでした。私は、大好きなボクシングに役立つことならと思い、すぐにOKしました。そして、今までで一番思い出に残っている試合を聞かれて「K君とのインターハイの試合です」と伝えます。そして「高尾さん。私、K君に謝りに行きたいんで香川県の高松まで一緒に行ってくれませんか」とお願いします。かなり強引ですが言ってみるもんですね。現地集合で、一緒に行ってくれることになりました。

そして、高松に着くとK君と高尾さんがいました。私はK君のところに行き土下座をして謝りました。K君は「齋藤！ そんなことするなよ。とりあえず焼き鳥屋にでも行こう」となり、3人で焼き鳥屋に入ります。

「K！ ごめんな！ 選抜の時はKがすごく強くって仲良くなったのに、インターハイの件からずっと関係性を悪くして本当にごめんなさい！」と心から謝りました。K君も「俺もずっと気にしていた。今日、齋藤が高松まで来てくれてすごく嬉しい！ これからは仲良くして行こうぜ！」と22年ぶりに和解することができました。

焼き鳥を食べながらいろいろと昔話に花を咲かせました。K君が「俺、白州で作るハイボールが好きなんだよ。飲もうぜ」と。私も「白州ハイボールって美味いっすね」という感じで、結構酔っぱらいました。居酒屋を出て、ふらついて歩いている私の肩をK君が抱いて歩いてくれていたそうです。

▼宿命のライバルK選手との再会（オフィスタカオ提供）

私は酔いのせいか完全に覚えていませんでしたが、一瞬の隙も見逃さない名カメラマンの高尾さんがその瞬間もちゃんと撮っていました。その写真も写真集に載っています。アマチュアボクサーが引退後にどんな職種について、どんな人生を送っているか？　ザ！リアルが見られる写真集です。是非、高尾さんの写真集「After the Gong」をお買い求めください。アップライジング宇都宮店にも置いてありますよ（笑）。

後日K君にメールで「高校と大学でのことを本に書こうと思っているんだ」と伝えると「了解です。お互い様の所があったと思う。高松で話したのが全てで、今はいい思い出です。また逢いましょう」と返ってきました。K君の器の大きさに感謝です。

全員参加の楽しい侍会議
アップライジングの潤滑油です

アップライジングは、月に一度、社員全員が集まって行う「侍会議」と呼ばれる会議があります。ファシリテーターは、なっちゃん専務。6時間くらいジュースを飲みながら、お菓子を食べながらやります。

最初に皆で決めた「志」を唱和します。アップライジングの志は「太陽の目標・宇宙のリーダーシップ計画。アップライジングは宇宙に感謝し、地域の人々から愛されるパイオニアになる」です。

太陽とは自分たちアップライジングのことです。そして、宇宙をリードして行く計画のことです。デカいです（笑）。でも、そのためには地域を大切にしなくてはならない。地域を大切にし地域から愛される開拓者になろうと言うことです。「1とゼロは全く違う。微力は無力ではない！ 地域のためにコツコツやることが宇宙のためになる」との考えからです。

そして、この会議、むちゃくちゃ楽しいです。毎回、大爆笑だらけです。楽しいので良いアイディアがたくさん出ます。「こんなこと言ったら変な人と思われるかな？」となる人が出ないように、なっちゃんがコントロールしてくれるので、ぶっ飛んだアイディアがたくさん出ます。実は、そのぶっ飛んだ意見が欲しいのです。

また、各部門がしっかりと数字と向き合います。数字に向き合うのが嫌いなスタッフが多いチームは良いチームではないかもしれません。数字に向き合うのが楽しくないから嫌いなわけで楽しくなれば好きになります。

そして、スタッフで考えたアイディアを元に話し合い、スタッフ皆んなで判断し行動して行きます。アップライジングは皆んなで考えて行く会社です。トップダウンは、ほとんどありません。そして、侍会議で決まったことをいつから誰が責任者になって始めるかを、やりたい人が手を上げて決めて行きます。

侍会議は最高な雰囲気で6時間があっという間に過ぎます。会議が6時間というと辛いブラック企業的な感じになりますが、アップライジングの会義は楽しい時間なのでいつまでも飽きません。

会議が終わってからも、スタッフは自分たちでファミレスやラーメン屋さんに行き会議の続きをしています。侍会議を見学したい方、なっちゃんにファシリテーターに入ってもらいたい方がいましたら是非ご相談ください。

自分のため、家族のため、会社のため一生学び続ける人間でありたい

私となっちゃんは常に自分の能力を上げるために学んでいます。その学びの場所は東京虎ノ門にあります。

その学びの目的は

①本当の自分らしく生きたい
②家族の関係をもっと良くしたい
③更に会社を繁栄させたい

という3つです。実は、なっちゃんが先にそこで学び始め、どんどん能力が上がって行きます。知覚力が上がり相手が口先で言っている言葉ではなく、その裏にある本音を引き出しながらコミュニケーションができるようになってきます。

そして、自分にとっても家族にとっても会社にとっても最善の選択をし、結果を出して

いきます。スタッフの個人的な問題も、なっちゃんのアドバイスでドンドン解決していきます。スタッフの良い部分も伸ばしていきます。それを横目で見ていて「なっちゃん、俺も学んだ方が良いかな？」と聞くと、「幸ちゃん！やっと気づいたのね！絶対、幸ちゃんも学んだ方が良いよ！」となり一緒に学び始めることになります。

この会社の社長の考えがすごいのです。「日本を良くしたいという人や、社会を良くしたいと思う人が日本からドンドンいなくなっている。このままでは日本は悪くなる一方。だから私は、日本や社会を良くしたいという私の考えに共感してくれる人に、今まで自分が学んできた知識と技術を教えて、その人の能力を引き上げたい。それが日本のためになるから」と言います。しびれますね。

ここでの学びは人生の全てに役立ちます。特にビジネスで役に立つことは非常に多いです。キラキラ系大好きの私も、それだけでは駄目なことにやっと気づきました。そして、感情的に物事を判断するのではなく、理性的に物事を判断できるように少しずつですがなってきました。

この学びの入り口が、毎月1回、東京、横浜、宇都宮、浜松であります。ここでの学びは一般のスクールや書店で手に入るような「ためになるレベル」のものではありません。ここに参加しているのは、レベルの高い組織人になろう、組織人としての自分の価値を上げようとしている人たちです。

自分だけのため、金儲けだけのため、という考えの方は参加はできません。興味がある方はアップライジングにメールして下さい。

サンパワーの川村社長との出会い 世界リサイクルタイヤ研究同志の会の設立

私に会いたい、アップライジングを見学したいと言う方が更に増えてきます。

ある日、こんな電話がありました。「サンパワーのSと申します。雑誌やヤフーニュースで御社のことを拝見しました。是非、うちの社長と会っていただけませんか？」と言う電話でした。サンパワーと言う会社をネットで検索してみると中古タイヤの輸出をやっている会社でした。私は「同業社が何の用だろう？別に会うのは良いけど、会いたいんだったら何で社長自らが電話かけてこないんだろう？」と思い、今月は空いていないですとお断りをしました。そして、次の月も同じ方から同じ内容のことで電話がありました。私は「また本人じゃない！」と断ります。

これがなんと一年間続きました。さすがに一年も断っているのは申しわけないと思うよ

▼世界リサイクルタイヤ研究同志の会とノーベル平和賞受賞者ムハマドユヌス先生

うになります。一年間かけ続けたサンパワーのSさんの想いに応えてあげたいと思い、お会いすることに決めます。とても喜んでくれました。後からSさんにお聞きしたのですが、サンパワーの川村社長と私は絶対に話が合うと思い、二人が組んだら社会に対してすごく良い影響を与えることができると考えて、川村社長の許可もなく勝手に電話をかけ続けていたそうです。

そして、川村さんがアップライジングに来ます。川村さんが言ったのは「私は、中古タイヤの販売を通して世界の貧困問題や社会問題を解決したいと思っているのです。そのためには、日本の中古タイヤのイメージをもっと上げたいのです。齋藤さん！ 私と組みませんか！」と言われます。私は「川村さん。私も同じこと考えていました。そのために今の店舗を作ったんです！ 川村さんとは年齢も一緒ですし、考え方もぴったりです。是非とも宜しくお願いします！」となります。

不思議な縁ですね。一年間も断っていたのに、川村さんはこんなことを言います。「齋藤さんと私は前世から繋がっていたように感じます。私って亀に似ていませんか？ 私が、海辺で子供たちにイジメられていた時に、齋藤さんが助けてくれたのです。だから今度は私が助ける番です。齋藤さんを竜宮城に連れて行きます」と。竜宮城に行けるのを楽しみにしています。そして僕は玉手箱を開けないようにします（笑）。

このご縁をキッカケに川村さんとはいろいろと協力して一緒にやっていきます。まずは、中古タイヤの同業者を集めて、売上アップのために協力する団体「世界リサイクルタイヤ研究同志の会」を立ち上げます。世界は大げさ？ とも思いましたが、川村さんはすでに日本で育成したセネガル人をセネガルに戻し、サンパワーセネガルを立ち上げていました。そして、そのセネガル人を社長にして現地で中古タイヤの販売をしています。

世界リサイクルタイヤ研究同志の会を略して、「セカタイ」とします。全国から同業社や自動車解体業社、商社などが参加するようになります。在庫商品をシェアしたり、特価品が入ったら特価品を分け合ったりします。共存共栄。みんなで良くなる。素晴らしい会になっています。

ノーベル平和賞受賞者ムハマドユヌス先生との出会い合弁会社グラミンサンパワーオートの立ち上げ

サンパワーの川村社長のコネクションでノーベル平和賞受賞者のムハマドユヌスさんと京都でお会いできることになりました。川村さんは学生時代にユヌスさんの本を読み、それからずっと会いたかったそうで、とても興奮していました。

ユヌスさんは、バングラデシュの経済学者であり実業家です。そして同国にあるグラミン銀行の創設者としても知られ、そのユニークで実用的な経済支援が高く評価されて２００６年にノーベル平和賞を受賞します。

ユヌスさんとのミーティングでは、タイの技能実習生がタイに戻り板金修理工場を創業したこと、サンパワーセネガルのこと、そしてアップライジングもホイール修理事業で東南アジアへの展開を考えていることなどを話します。ユヌスさんはその話に賛同して「バングラデシュでも同じことやりましょう！」と言ってくれます。私はバングラデシュに行ったことがなかったので、これを機会に行ってみることにします。

実際に行ってみると、世界最貧国と言われる理由も分かりました。その辺の道路は土で、信号みたいなものもありますが機能していません。馬車や人力車も観光客向けではなく普

▼ノーベル平和賞受賞者ムハマドユヌス先生と著者

通の交通手段として使われていました。首都のダッカもゴミだらけです。いろいろな国に行きましたが、ここまでゴミの多い国は初めてでした。ゴミと共存しています。ゴミは風景の一つといった感じです。

そして、自動車関連の会社を見学に行きます。びっくりしました。そのほとんどが、修理工場を持たずに、その辺で修理しています。オイル交換やタイヤ交換もそうです。リフトとかありません。そして、それをやっているのが小学校に通うであろう子供たちでした。カンボジアに行った時にいた子供たちは、信号待ちしているタクシーの窓をたたいて「お金をください」という感じでしたが、バングラデシュは違いました。子供だと分かった上で雇用しているのです。

通訳をしてくれるバングラデシュ人に、「どうしてこの子供たちは学校に行かないで、ここで仕事をしているのか？」と聞きます。返ってきたのは「学校に行っても給食は出ないから、食べる物は自分で稼いで用意しなければいけない。自分の食べる分は自分で稼いで来いと家族から言われている」との返答です。改めて、日本の義務教育や学校給食の素晴らしさを感じつつ、こういった貧困国の問題も解決したいと思いました。

また、こんな事実も知ります。バングラデシュの中古車屋は修理部品をドバイに行って買い、マレーシア経由でバングラデシュに送ります。しかし、途中で盗まれたり、別の部品とすり替えられたりして実際に買ったものが届かないことが多いのです。トヨタのエンジンを買ったのに日産のエンジンが届いたこともあるそうです。

じゃあ、日本とバングラデシュの間で直接の取引をすれば良いのではと思います。しかし、そこにも問題があります。バングラデシュのバイヤーの金払いの悪さや安くしか売れないイメージが強くて、日本の自動車解体業者が取引をしないのです。この問題はアップライジングでも経験済みですので分かります。先入観や信用問題です。

でも、今回はユヌスさんのグラミングループと組むので金払いの問題はなく、私たちも日本にある本物をだけを用意すれば良いのです。グラミングループの社用車だけでも

400台を超し、メンテナンスの時には中古部品が必要になります。自社の修理と共に他社へ売ることを考えれば利益が出ると考えました。

そして、川村さんの会社サンパワーとグラミングループの合弁会社グラミンサンパワーオートが立ち上がります。私は役員として参加します。大企業とのグラミングループとの合弁会社は何社かありますが、現地の市場を見て一から立ち上げた合弁会社は、グラミンサンパワーオートが初めてでした。川村さんは世界中の貧困問題解決のために日本の技術、知識、経験を活かしたソーシャルビジネスを立ち上げました。今後も川村さん、サンパワーさんと一緒に途上国への支援を続けていきます。

アップライジングは自律型組織 他人の成長にも責任を持てる会社です

アップライジングは「良い組織」を目指しています。最近話題の自律型組織に近いと思います。でも少し前までは、規律のない、何でも自由に発言し、ミスしても怒られない、ただの仲良し集団でした。仲良し集団は一時的な楽しさ（長続きしない喜び）は手に入れられますが、自律型組織のような継続的な幸せ（長続きする喜び）は手に入れられません。

経営者であれば誰もが、本当の自律型組織を作りたいと願います。そして、社員スタッフも自律型組織で働きたいと考えていると思い込みがちです。私もなっちゃんも最初はそうでした。しかし、社員スタッフ全員の頭の中までは見えません。

「新しいアイディアを自分から出すのは難しい。私は与えられた仕事をやることが幸せです」「お金のために働いているだけなので指示を出してもらった方が楽です」と考えるスタッフがいるのは当然です。そのようなスタッフがいても良いのです（このようなスタッフをAタイプとして話を進めます）。但し、このAタイプのスタッフを、しっかりと見極めることが重要です。

本当はAタイプのスタッフも自律型であって欲しいのですが、直ぐには無理です。アップライジングではAタイプのスタッフとしっかり向き合います。上司や幹部はAタイプのスタッフの特性を理解した上で、仕事を順番通りにやるパターン化された手順を与え、それを元に作業をしてもらいます。アップライジングにはそのパターン化された手順が何通りもあります。

Aタイプにとっては、これがあるとすごく助かるのです。ミスをする確率が減り安心して作業ができます。ミスをしたとしても「自分はパターン化された手順通りにやっただけです」と言い訳ができます。実際にはその通りにやればミスは起きないので言い訳をすることもありません。実はこれがAタイプにとっては「安心」なのです。安心して働ける職場になり、結果が出て自信がつき、イキイキとしていきます。そこからAタイプも少しずつですが自律型の方に変わっていくのです。

そんなAタイプのY君の例です。学生時代ずっとイジメられてきたので自分の本音を、そう簡単には人に言いません。やはり最初はパターン化された手順を教えることからスタートしました。そして2年かかりましたが、だんだん自分の本音が言えるようになり、率先して自分から仕事を作り出せる、自律型スタッフに変わってきました。最近ではベトナム人スタッフと殴り合いの喧嘩ができるようにまでになりました（次の日に仲直りをしていますが…）。

アップライジングが完全な自律型組織ではない部分は、スラムダンクの湘北高等学校に近いかもしれません。アップライジングでも、何でも自由に発言する我流の強い個人が集まっています。いつもは自由奔放にやらせているけど「ここ」という時にはスラムダンクの安西先生のように強い指示を出し、個の素質を更に活かしていく統率役が必要です。アップライジングの安西先生は、なっちゃんを筆頭に何人もいます。

そして、アップライジングは、マナー（秩序）やルールをとても大切にします。それは就業規則のような規制をするものではなく、生産活動を行う上で不可欠なマナーとルールです。コミュニケーションにマナーやルールがないと相手に対する配慮が欠けて、人間関係に溝が生まれたり相手を傷つけたりしてしまうのです。アップライジングは、自由に考えを発言することは許されています。だからとても雑談が多い会社です。組織内でのトップダウン発言もほとんどありません。

しかし、相手に配慮のない発言には厳しいマナーやルールあるのです。「相手の人間性を否定しない」などのマナーとルールです。

そのマナーやルールを破ったり勘違いしている人には、幹部や同僚がしっかりとコントロールを入れます。それでも改善できない場合には、親分のなっちゃんが最良な方法を考えます。そして、なっちゃんから指示するのではなく、上司や同僚から指示を入れるように提案します。そうやってアップライジングはでき上がってきました。

部下や同僚の能力を上げることが、そのスタッフの成長であり、アップライジングの成長です。他人の成長にも責任を持てる組織です。個性の強い組織だけれども、生産性を上げ、売上を伸ばし、地域社会にも貢献しています。だから全国でも有名になってきているのだと思います。

エピローグ
齋藤幸一とアップライジング

個人として、法人として、こんな人生を送ってきました。自業自得です。

子供のいない人はいても親のいない人はいない。それなのに親の歴史を知らない人って多いと思います。この本を読んでくれて親に興味のなかった人、会社の歴史に興味のなかった人は是非、親の歴史、会社の歴史を調べてください。親が生きているのなら、創業者が生きているのなら生きているうちに本人から聞けます。親も、その親（祖父母）も、すごく喜ぶと思います。

今後も、親、祖先に感謝し、宇宙に感謝していきます。

そしてタイヤと餃子を販売しながら社会のお役に立つための行動を続けていきます。

私は「人が社会のために動き始めた瞬間」に最高の喜びを感じます。

私がこの本を出したと言う「因」

手にして読むと言う「縁」

そして、皆様が社会のために動き出すと言う「果」

因縁果の法則、つまり自業自得。私の出した物が私に返ってくる。

この本の影響で、ゴミを捨てなくなった。
ゴミを拾うようになった。
小さな社会問題にも目を向けるようになった。
親、祖先に感謝できるようになった。
森羅万象。宇宙に存在する全てに感謝できるようになった。
他人の喜びが我が喜び。
そんな方が一人でも増えれば私は幸せです。
最後まで読んでいただき、誠にありがとうございました。

合掌

令和二年四月吉日
アップライジング代表取締役社長
齋藤　幸一

平成出版 について

本書を発行した平成出版は、基本的な出版ポリシーとして、自分の主張を知ってもらいたい人々、世の中の新しい動きに注目する人々、起業家や新ジャンルに挑戦する経営者、専門家、クリエイターの皆さまの味方でありたいと願っています。
代表・須田早は、出版に関するあらゆる職務（編集、営業、広告、総務、財務、印刷管理、経営、ライター、フリー編集者、カメラマン、プロデューサーなど）を経験してきました。そして、従来の出版の殻を打ち破ることが、未来の日本の繁栄に繋がると信じています。志のある人を、広く世の中に知らしめるように、「読者が共感する本」を提供していきます。出版について、知りたい事やわからない事がありましたら、お気軽にメールをお寄せください。

book@syuppan.jp 平成出版 編集部一同

ISBN978-4-434-27519-7 C0034

ホワイト企業大賞・特別賞「人間力経営賞」受賞！

人間力経営・アップライイジングの軌跡

令和2年（2020）5月12日 第1刷発行
　　　　　　　　6月21日 第2刷発行

著　者　齋藤　幸一（さいとう・こういち）

発行人　須田早

発　行　平成出版 株式会社
〒104-0061 東京都中央区銀座7丁目13番5号
NREG銀座ビル1階
経営サポート部／東京都港区赤坂8丁目
TEL 03-3408-8300　FAX 03-3746-1588
平成出版ホームページ https://syuppan.jp
メール：book@syuppan.jp

発　売　株式会社 星雲社（共同出版社・流通責任出版社）
〒112-0005 東京都文京区水道1-3-30
TEL 03-3868-3275　FAX 03-3868-6588

編集協力：安田京祐、大井恵次
制作協力・本文DTP：Pデザインオフィス
印刷：（株）ウイル・コーポレーション